全民阅读·经典小丛书

每天进步一点点

MEITIAN JINBU YIDIANDIAN

冯慧娟 编

吉林出版集团股份有限公司

版权所有　侵权必究
图书在版编目（CIP）数据

每天进步一点点 / 冯慧娟编. —长春：吉林出版集团股份有限公司，2016.1
（全民阅读.经典小丛书）
ISBN 978-7-5534-9991-8

Ⅰ.①每… Ⅱ.①冯… Ⅲ.①成功心理—通俗读物 Ⅳ.① B848.4-49

中国版本图书馆 CIP 数据核字 (2016) 第 031370 号

MEITIAN JINBU YIDIANDIAN

每天进步一点点

作　　者：	冯慧娟　编
出版策划：	孙　昶
选题策划：	冯子龙
责任编辑：	邓晓溪
排　　版：	新华智品
出　　版：	吉林出版集团股份有限公司
	（长春市福祉大路 5788 号，邮政编码：130118）
发　　行：	吉林出版集团译文图书经营有限公司
	（http://shop34896900.taobao.com）
电　　话：	总编办 0431-81629909　　营销部 0431-81629880 / 81629881
印　　刷：	北京一鑫印务有限责任公司
开　　本：	640mm×940mm 1/16
印　　张：	10
字　　数：	130 千字
版　　次：	2016 年 7 月第 1 版
印　　次：	2019 年 6 月第 2 次印刷
书　　号：	ISBN 978-7-5534-9991-8
定　　价：	32.00 元

印装错误请与承印厂联系　　电话：18611383393

前言
FOREWORD

俗话说得好：集腋成裘，聚沙成塔。很多人之所以成功，正是因为他们每天都比别人多进步一点点。不要小看这"一点点"：灵感，只要一点点，就能让你找到解决问题的方法；智慧，只要一点点，就能让你在危机中发现转机；勇气，只要一点点，就能让你在怯懦中行动起来……

每天进步一点点，听起来好像很简单，没有高不可及的目标，没有巨大的声势，可它能让你在不知不觉中展翅高飞。一步登天很难，但一步一个脚印就能让你攀登到顶峰；一鸣惊人不容易，但步步上升就终会有出头的一天；一下子将自己提升一个档次不现实，但日积月累的进步会让你越来越出色……

只要有坚持不懈的精神，哪怕只是每天进步一点点，我们也能有一个由量到质的变化，成功也就不再可望而不可即。

当然，要想做到每天进步一点点，就要每天都有计划，不能急躁，也不能敷衍自己。每天进步一点点是对自己的人生负责，而不是做给别人看的，所以我们要有一种

每天进步一点点

严于律己的态度,有一种自强不息的精神。

每天清醒一点点、每天坚持一点点、每天主动一点点、每天高效一点点、每天创新一点点……只要每天进步一点点,并持久地坚持下去,那么终有一天你会惊讶地发现,不知不觉中,自己已经取得了很大的进步。

当然,成功不仅仅意味着事业有成,能够享受生活、体会到生活的乐趣也是非常重要的。所以,我们每天也要享受一点点,使自己的每一天都过得既充实又有价值!

目录
CONTENTS

第一章 认识自己，每天清醒一点点 / 013

01 每天自省五分钟 / 014

02 坚持自我，做好自己 / 015

03 找准自己的位置 / 015

04 不要模仿他人 / 016

05 不要被他人左右 / 017

06 专业的事交给专业的人解决 / 019

第二章 制订目标，每天坚持一点点 / 021

01 方向比努力更重要 / 022

02 目标铺就成功之路 / 023

03 制订的目标要明确而清晰 / 024

04 目光远一点，目标才能高一些 / 025

05 瞄准目标，任何时候都不偏离 / 026

06 向目标迈进，世界会为你让路 / 028

每天进步一点点

第三章 行动要自发，每天主动一点点 / 029

01 没有行动，一切都是空谈 / 030

02 面对目标，要考虑"如何做到" / 030

03 马上行动，无须等到万事俱备 / 032

04 机遇只眷顾主动的人 / 033

05 不要害怕犯错 / 035

06 拖延是魔鬼 / 036

第四章 做事要迅速，每天高效一点点 / 037

01 制订"每日计划" / 038

02 日事日清，日清日高 / 039

03 第一次就把事情做对 / 040

04 做事要专注 / 041

05 学会在疲惫之前休息 / 042

06 一次只做一件事 / 044

目录
CONTENTS

第五章 打开思维天窗，每天创新一点点 / 047

01 不要给自己设限 / 048

02 避免陷入思维定势 / 049

03 敢于打破常规 / 050

04 学会逆向思维 / 051

05 发散思维让你的出路更多 / 052

06 留意你的奇思妙想 / 055

第六章 勇于背负责任，每天担当一点点 / 057

01 在其位，谋其职 / 058

02 即使事不关己，也要乐于操心 / 059

03 履行责任才能展现能力 / 060

04 事无大小，都要负责 / 062

05 不找任何借口 / 064

06 让问题到此为止 / 065

每天进步一点点

第七章 培养良好心态,每天乐观一点点 / 067
01 在困境中也不放弃希望 / 068
02 凡事往好的方面想 / 069
03 不要为不确定的事烦忧 / 070
04 对自己说"没关系" / 072
05 不妨拿自己开玩笑 / 073
06 时刻保持微笑 / 074

第八章 自信才能赢,每天自信一点点 / 077
01 接受缺陷,超越自卑 / 078
02 自信增大成功的概率 / 079
03 没有不可能 / 080
04 勇敢迈出第一步 / 081
05 学会积极的自我暗示 / 083
06 自信但不要自恋 / 084

目录
CONTENTS

第九章 养成良好习惯，每天完善一点点 / 087
01 养成利用零散时间的习惯 / 088
02 养成注重细节的习惯 / 089
03 养成持之以恒的习惯 / 090
04 养成与团队合作的习惯 / 092
05 养成三思而后行的习惯 / 093
06 养成勤奋的习惯 / 094
07 养成乐于助人的习惯 / 095

第十章 打造自身品牌，每天完美一点点 / 097
01 坚持体育锻炼 / 098
02 每天学习一点 / 099
03 注意修饰仪表 / 101
04 谈吐不凡很重要 / 102
05 让自己举止得体 / 103
06 有颗宽容的心 / 104

每天进步一点点

07 不要热情过度 / 105
08 对人有诚信 / 107

第十一章 结交朋友,每天多交流一点点 / 109
01 主动与人交往 / 110
02 记住别人的名字 / 111
03 学会倾听和附和 / 113
04 给他人留足面子 / 114
05 放下架子,融入圈子之中 / 116
06 真诚为你赢得友谊 / 117

第十二章 欣赏他人,每天受欢迎一点点 / 119
01 用赞美当开场白 / 120
02 赞美要恰如其分 / 121
03 赞美之词以具体为佳 / 122

目录
CONTENTS

04 欣赏他人，赢得他人的好感 / 124
05 背后讲人只讲好话 / 125
06 即使批评也要加点糖 / 127

第十三章 学会理财，每天富裕一点点 / 129

01 定期存钱 / 130
02 记下你每天的开支 / 131
03 适当购买保险 / 133
04 关注财富信息 / 134
05 坚持长期投资 / 135
06 购买有价值的资产 / 137

第十四章 热爱生活，每天享受一点点 / 139

01 生活中并不缺少美 / 140
02 生活在当下 / 141

每天进步一点点

03 不开心时，学会转移视线 / 142
04 学会享受亲情和友谊 / 143
05 幸福的三原则 / 145
06 适当地冒一点险 / 146

Chapter 1

第一章
认识自己,每天清醒一点点

人啊,认识你自己!

——刻在希腊圣城德尔斐神殿上的著名箴言

好说己长便是短,自知己短便是长。

——申居郧

每天进步一点点

01 每天自省五分钟

只有懂得自省的人才能发现自己身上存在的问题，而只有发现问题才能解决问题。何主管是部门里公认的最有办事能力的人，什么事情一经他的手似乎就变得容易多了，别人三天才能干完的工作，他两天就处理完了，而且没有一点儿纰漏。这令大家十分羡慕。

跟他在一起的时间长了，大家都惊讶地发现，他在其他方面的表现也十分优秀。大家纷纷向他请教方法。何主管笑着说："其实我这不算什么，在公司有比我更有能力的人，我从他那里学到了很多东西。"大家忙问是谁。何主管说："那就是老板。前几年我刚进公司的时候，还是什么也不懂的毛头小子，那时我的上司就是现在的老板。他在工作和为人上的出色表现让我十分佩服。于是我虚心向他请教，他就告诉我，要想对自己有一个清醒的认识，使自己的缺点越来越少，就要学会自省。每天自省五分钟，天长日久，必有很大进步。今天我能够坐上这个位置并且在大家眼里成为一个比较完美的人，正是得益于每天自省五分钟的习惯。"

金言隽语

因为懂得自省，故事中的何主管才发现了自己哪里做得好、哪里做得不好，才能使自己不断取得进步。没有自省，就不可能对自己有清醒的认识。一个对自己没有清醒认识的人，永远也找不到阻碍自己进步的根源，更谈不上如何弥补不足，当然也就没有进步。

02 坚持自我，做好自己

有一天，一个国王独自到花园里散步，使他万分诧异的是，花园里的很多植物都枯死了，只有细小的心安草还在茂盛地生长。于是国王就问心安草为什么那么多植物都枯萎了，心安草回答道："橡树由于没有松树高大挺拔，因此轻生厌世死了；松树又因自己不能像葡萄那样结出许多水灵的果子，也自惭死了；葡萄悔恨自己终日匍匐在架上，不能直立，也不能像桃树那样开出美丽可爱的花朵，于是也死了；牵牛花也病倒了，因为它叹息自己没有紫丁香那样芬芳……"

听了心安草的回答，国王又问道："小小的心安草啊，别的植物全都枯萎了，为什么你这么坚强乐观、毫不沮丧呢？"

心安草回答说："国王啊，我没有什么可失望的。因为我知道，虽然我没有松树的挺拔，不像葡萄那样硕果累累，没有桃树那样美丽的花朵，也不像紫丁香那样芬芳，但我是一棵无可替代的心安草，我的信念就是做好我自己。"

> **金言隽语**
>
> 做好自己，明白自己的优点和缺点，不要以己之长比人之短，也不应以己之短比人之长，才能走上成功的道路。

03 找准自己的位置

市政府决定在政府门前的广场上放置一位名人的雕像。众多的雕塑大师闻讯后纷纷献上自己的作品，而最终获得市政府及专家认可的是远道归来的雕塑大师邓肯。

"我想把这座雕塑献给我的母亲。"在开幕式上，邓肯说，"我上高中时，对读书不感兴趣，被学校开除。有一天，我路过一家正在装修的超市时，发现有人正在门前雕刻一件艺术品，我很好奇，忍不住凑上前去。从那时起，我对雕塑产生了浓厚的兴趣。我在读书上的笨拙的确令我的母亲伤心失望，即使是她亲自在家教我，我也没有获得她期望中的成功，没被一所大学录取。我不想做母亲眼中的失败者，决定远走他乡去寻找自己的事业。今天，凭借这个荣誉，我可以告诉她了，虽然大学里没有我的位置，但生活中总会有我的一个位置，而且是成功的位置。我想对母亲说，希望今天的我不会让您再次失望。"

人群中，邓肯的母亲喜极而泣。她终于明白了自己的失误——不懂得把儿子放在正确的位置上。

金言隽语

我们不必一定要去做坑里的萝卜——即使很多人都争着做萝卜。关键是你要找准自己的位置，这样，也许你可以做一个很出色的土豆。

04 不要模仿他人

卓别林最初拍电影时，导演让他模仿一位当时已经走红的影星。结果，模仿来模仿去，卓别林依然没有被观众接受。最后，他不再模仿别人，而是一心做自己，才创造了出了一种独特的表演方式。

玛丽·马克希莱德在第一次上电台时，竭力模仿一位爱尔兰明星，但她并没有引起人们的关注。直到她以自己的本来面目———一位由密苏里州来的乡村姑娘示人后，她才获得成功，成了纽约最红的广播明星。

金·奥崔有浓重的得克萨斯州口音，刚开始歌唱生涯时，他努力去掉口音，并让自己的打扮脱离乡村气息，甚至对外宣称自己是纽约人，结果只是招来别人的嘲笑。后来，他恢复自己的本来面目，重拾三弦琴，演唱自己熟悉的乡村歌曲，这才逐渐走向成功。

艾默生有一篇短文叫《自我信赖》，在文章中他写到："一个人总有一天会明白，嫉妒是无用的，而模仿他人无异于自杀。因为无论好坏，人只有自己才能帮助自己，只有耕种自己的田地，才能收获自家的玉米。上天赋予你的能力是独一无二的，只有当你自己努力尝试和运用时，才知道这种能力到底是什么。"

金言隽语

努力开发自己的潜能，做最好的自己，才能走向成功。刻意模仿别人，我们永远也无法超越别人。

05 不要被他人左右

"亲爱的，为什么哭呢？"刚从农场挤奶回来的父亲抚摸着小女孩的头问。

"今天……班上的简说……我长得丑死了……"小女孩边哭边说，"还说……还说我跑步的姿势很难看。"

"呵呵，"父亲笑了，忽然说，"我可以摸到天花板。"

"嗯？什么？"那个小女孩停止哭泣问。

"我可以摸到咱家的天花板。"

"嗯？"小女孩含着泪水抬头看看天花板，天花板距离地面有4米高呢，父亲怎么可能摸得到？于是她摇摇头，"我……不信……"

"不信就是了。"父亲得意地笑着说，"那你也别在意简的话，因为有些人的有些话并不是事实，你不必在意。"

小女孩长到二十四五岁，已经是个很有名气的演员了。

"你不应该参加那个冷淡的聚会。"一天，她的经纪人和她说。

"可是我已经答应媒体说我要参加了。"她说。

"今天天气不好，不会有多少人参加那个聚会的。"经纪人说，"你刚出名，应该多参加一些大型的聚会，多认识些朋友，这样才可以增加自己的知名度。"

"不，我一定要履行自己的诺言。"她坚持要去。

结果，那次聚会时，虽然下起了雨，但广场上的人却越聚越多——很多人都是慕她的名而来。信守诺言和平易近人使得她的人气骤然高升。

"我要离开加拿大去美国演戏。"一天，她对她的经纪人说。

"天啊！"经纪人痛苦地大叫，"为什么你要放弃现在已经得到的成功，而去陌生的地方从头开始？听我的，不要去！"

"不！我想我的决定是正确的。我要去。"后来，她真的去了美国发展，并成了全球闻名的女星，她就是索尼亚·斯米茨。

"当我还是个小女孩的时候，爸爸就告诉我要坚持自己，不要被别人的话左右。"她总是这么说。

> **金言隽语**
>
> 当一个人否定你的观点或做法的时候,你是否会坚持?当两个人否定你的时候,你是否会坚持?当更多人否定你的时候,你是否依然会坚持?在很多时候,人们总会在意别人的看法,相信他们是对的。其实,在任何时候,你都应该坚持自己,相信自己,不能让别人的看法左右自己,否则就会失去前进的方向。

06 专业的事交给专业的人解决

安妮没想到自己会在治安向来很好的加州遭遇抢劫。那天,她和朋友基拉在加州的一个商场里买纪念品时,一个黑人突然横冲直撞地向她冲来,抢过她的包就跑。安妮反应过来后,立即奋力追了上去,并发出求助声,但路上没有一个人上前挡住劫匪,而是纷纷闪身让劫匪逃离,然后掏出电话。安妮的心里一阵难过——为这么多路人的胆小和漠视。

劫匪似乎紧张起来,一边跑一边不住地回头望——大概他没见过像安妮这么穷追不舍的人吧。此时,安妮听到身后传来基拉的呼喊。见有朋友来帮忙,她更有信心了,于是跑的速度更快了。凑巧的是,劫匪因为紧张而一不小心摔倒在地上。安妮心中一阵狂喜,就要冲上去抓劫匪。就在此时,她的胳膊被一个人死死地拉住了,是基拉!

"我终于追上你了!"基拉边说边死死地抱住安妮,"别追他了,大家已经报警了!"就在这几秒钟里,劫匪逃之夭夭了!安妮心里顿时升起无名怒火，责问基拉说："你在做什么啊！你不帮我抓劫匪也就罢了，为什么要阻拦我呢？"

"因为抓劫匪不是你我的专长，我们也没有这个能力，所以要把这件事情交给专业人士，也就是警察去做！"基拉解释道。

"美国式的幽默解释，为胆小找的美丽托词。"安妮心里这么想着，只是鄙夷地一笑。警察很快就到了，虽然备案等程序很快，但安妮的心中仍然隐隐作痛，不仅为不知什么时候能找回的包，更为路人的淡漠和基拉的怯懦。

没想到第二天警局就来电话通知她去领包，她万分高兴地来到警局。一位警员笑着说："那个劫匪是个惯犯呢。我抓他时，他突然掏出匕首袭击我。幸好我早就料到可能有危险，所以早有所准备，这才把他制伏了……"

"啊！"安妮听到这里，失声叫出来，吓出了一身冷汗，心想：如果昨天基拉没拉住我，粗心大意的我去抓那个连警察都敢反抗的劫匪，一定会受伤的。

金言隽语

"把最专业的事情，留给最专业的人去解决"，这是最理智的做法！我们不需要事事亲力亲为，只要把自己能做、而且应该做的事做好就可以了。

Chapter 2

第二章
制订目标，每天坚持一点点

伟大的目标构成伟大的心。

——埃德蒙斯

有些人活着没有任何目标，他们就像河中的一棵小草，他们不是在世间行走，而是随波逐流。

——吕齐乌斯·安涅·塞涅卡

01 方向比努力更重要

一位老者手里拿着渔竿，正全神贯注地站在水流湍急的河岸边，一个从河对岸坐船过来的年轻人问道："你在干什么呢？"

"我在钓鱼。"老者回答。

"那你在这里多久了？"

"有多半天了。"老者答道。

"钓到鱼了吗？"

"到现在一条鱼也没有钓到。"

"在水流这么湍急的河段不可能钓到鱼，你为什么不去水流相对平缓的河段去试试呢？"

看完这个故事，你一定会觉得老者很可笑。然而，生活中有很多人每天都在错误的地方寻找他们想要的东西。

一个想要找到水源的人，如果他认为在沙地上挖掘更容易，因此就在那儿寻找水的话，那么他挖掘出来的肯定只是一堆堆的沙土，而绝对不可能找到水。不要在不必要的地方付出你全部的精力，若要有所收获，必须有正确的方向。

法国科学家约翰·法伯曾做过一个著名的"毛毛虫实验"：这种毛毛虫有一种"跟随者"的习性，总是盲目地跟着前面的毛毛虫走。法伯把若干个毛毛虫放在一只花盆的边缘上，让它们首尾相接，围成一圈。在花盆周围不到六英寸的地方，他撒了一些毛毛虫喜欢吃的松针。毛毛虫开始一个跟一个地绕着花盆一圈又一圈地走。一个小时过去了，一天过去了，毛毛虫们还在不停地、坚韧地团团转。一连走了七天七夜，它们终因饥饿和筋疲力尽而死去。其实，只要其中任何一只毛毛虫稍稍与众不同，它们可能就会吃到松针。只可惜，虽然它们很努力，但是方向错了，最终还是一无所得。

> **金言隽语**
>
> 　　一个人如果找不到自己行动的正确方向，看不到目标，那么他所做的一切努力都是徒劳的，甚至会让自己误入歧途。一个人必须有正确的前进方向，朝着目标努力，才会到达胜利的彼岸。

02 目标铺就成功之路

　　哈佛大学做过这样一个调查实验：实验人员在同一年毕业的大学生中选择了一批智力、学历、面临的环境等条件都相差无几的学生作为实验对象。在他们走出校门前，实验人员对他们进行了一次关于人生目标的调查，调查的结果是：其中27%的人没有目标；60%的人有模糊的目标；10%的人有明确的短期目标；3%的人有明确的长期目标。

　　在随后的25年里，哈佛大学一直在对这群学生的发展进行跟踪调查。最后发现：3%的人在25年间一直朝着一个方向努力，个个都成了社会中的成功人士，或是行业领袖，或是社会精英；10%的人不断实现自己的短期目标，成为各个领域中的专业人士，生活在社会的中上层；60%的人生活安定，工作安稳，但无特别成绩，基本上都生活在社会的中下层；剩下27%的人，他们过着毫无目的的生活，事事不如意，经常抱怨他人、抱怨社会，认为自己没有发展的机会。

其实，造成他们之间巨大差距的原因就在于：25年前，有一些人知道自己应该朝哪个方向前进，而另一些人不知道或不清楚。

金言隽语

目标铺就成功之路。有了目标，一个人就能对自己的有限时间和精力做出最佳分配，使自己能够集中全力朝一个方向前进，而不会"东一榔头西一棒"，没有方向地乱冲乱打。假如一个人把精力都用完了，还不知道自己应该做什么，都做了些什么，那他又怎么可能取得成功呢？

03 制订的目标要明确而清晰

前美国财务顾问协会的总裁刘易斯·沃克曾接受一位记者的采访。他们聊了一会儿后，记者问道："到底是什么因素使人无法成功？"

沃克回答："目标模糊不清。"记者请沃克进一步解释。沃克说："我在几分钟前就问你，你的目标是什么？你说希望有一天可以拥有一栋山上的小屋，这就是一个模糊不清的目标。问题就在'有一天'不够明确，'山上'这个概念也不够清晰。因此我可以预料到，你实现这个目标的可能性不大。

"如果你真的希望在山上买一间小屋，你必须先找出那座山。我告诉你那个小屋的现值，然后考虑通货膨胀的因素，再算出5年后这栋房子值多少钱。接着你必须决定，为了达到这个目标你每个月要存多少钱。如果你真的这么做了，你才可能在不久的将来拥有一栋山上的小屋。"

金言隽语

有了明确的奋斗目标，你就会懂得自己活着是为了什么，知道自己应该采取什么样的行动。你的所有努力都是在围绕这个明确的目标而进行。你的时间和精力都没有用在与目标无关的地方，你能取得成功也就不足为奇了。

04 目光远一点，目标才能高一些

初中时，张明的跳远成绩总是不及格。因为体育考试成绩要计入考试总成绩中，所以体育成绩的好坏对他能否考上重点高中有着重要影响。

为了提高跳远成绩，张明每天早上上课前和傍晚放学后，都会在学校的操场上练习跳远。不知是什么原因，练习了很长一段时间后，他还是一点儿进步都没有。

一天早上，张明一个人沮丧地坐在操场边上。一阵脚步声从背后传来，他扭头一看，是班主任。

"怎么样了？最近的跳远成绩有没有提高？"

"老师，我已经很努力了，但还是一点儿进步都没有。为什么呢？"

"哦？那你再试一下我看看。"

张明在自己前面量好了1.5米，然后画了一条线，努力向那条线跳过去，结果还是没有跳过。老师笑着说："我明白你的问题了，我先给你讲个故事吧。"

故事是这样的：一个年轻人应聘到一家公司做销售。第一年，他这样告诉自己:"如果我今年拿到十万的提成,那么在休假的时候我就可以带着我的女朋友去夏威夷旅游了。"他在一年中工作都很努力,结果年底的时候真的拿到了十万的提成,他的愿望也得以实现。老板注意到了这个年轻人,觉得他是个可塑之才,于是对他说:"年轻人,如果你能再努力些,把你的业绩提高一倍,你就能拿20万的提成。"年轻人一听:"对啊,我要是能拿20万,就可以开始投资买房子了。"于是他下定决心,年底要拿到20万的提成。他比上一年更加卖力地工作,更加注意方法和效率。年底,他又一次如愿以偿。

"如果你总是把眼光放在1.5米的地方,你是永远也不会跳出1.9米的成绩的。"讲完故事后,老师微笑着说。

老师的一席话,使张明恍然大悟。于是他开始按照老师的指点一天一天地练习,想着更远的线起跳。在最后考试的时候,他的跳远得了满分。

金言隽语

行动的进行和成绩的取得总是与潜意识里的既定目标相关联。当你的目光被局限在一个范围时,此范围外的世界对你而言就是一个不被考虑的世界、一个被忽略不计的区域。所以说,只有将目光放得远一些,你的目标才能高一些。

05 瞄准目标,任何时候都不偏离

早期的探险家为世界经济政治的发展都做出了巨大的贡献。他们有的为自己的国家发现了新的贸易伙伴,有的为本国经济发展找到了极好的原料供应地。在18世纪的时候,一群探险家又带回一个好消息:他们发现了一个新的大陆。英国和法国都想将这片土地据为己有，于是各自派出自己的精锐船队，日夜兼程地驶向这个新大陆。为了先于对方赶到目的地，英国派出了经验丰富的弗林斯达船长带队，法国方面则派出了阿梅林船长。他们两个人都长期从事探险事业，在海上叱咤风云几十年，经验丰富。两国派出这样的两个人带队，可见双方都是志在必得。

虽然英国人也拼尽了全力，但是法国的船队和技术都先进一些，所以法国船队还是先一步到达了新大陆。当法国船队的全体队员兴冲冲地登上这片土地，并准备把法国的旗帜插到这片被他们命名为拿破仑领地的岛上时，一只异常美丽、形状奇异的蝴蝶从他们的眼前飞了过去。浪漫的法国人看见这只蝴蝶，都高兴地追着它跑去，想要把这只蝴蝶抓回法国，做成标本珍藏起来。

这时英国人远远地看见法国的船队已经靠岸，知道法国人已经捷足先登，于是准备上岸祝贺。但是当他们上岸的时候，英国人却发现法国人并没有把旗帜插在这片土地上，弗林斯达船长马上命人在这片土地上插满英国国旗。当法国人兴高采烈地拿着那只美丽的蝴蝶回来的时候，立刻被眼前的景象惊呆了：满眼都是英国的米字旗。

为了一只蝴蝶，这片本来可以成为"拿破仑领地"的土地最终变成了英国的国土。

金言隽语

法国人因为一件微不足道的小事而丢掉了自己本来的目标，以至于最后得不偿失。实际上，很多在某一领域取得非凡成就的人并没有特别的过人之处，他们只不过是瞄准目标，一直不懈地奋斗而已。所以，在朝着目标奋斗的过程中，一定要瞄准目标，在任何时候都不能偏离。

06 向目标迈进，世界会为你让路

邮差薛瓦勒每天都徒步奔走在乡村之间。有一次，在崎岖的山路上，他突然被一块石头绊倒了。他站起身，拍拍身上的尘土，正准备继续赶路，却突然发现绊倒他的那块石头非常美丽，令人爱不释手。于是，薛瓦勒把那块石头放在了自己的邮包里。大家都对他的行为表示非常不理解，因为那些石头山上到处都是，并不珍奇。而薛瓦勒回家后有了一个想法——用这样美丽的石头建造一座城堡。

从此，他每天在送信的途中都会寻找石头，每天总是带回一块。后来，为了更方便地收集石头，薛瓦勒开始推着独轮车送信，把他中意的石头都装进独轮车。于是，白天，他是一个邮差和一个运送石头的苦力；晚上，他又是一个建筑师，按照自己天马行空的思维来建造自己的城堡。

就这样过了20年，这个性格偏执、沉默寡言的邮差在他的住处，如同小孩子筑沙堡般建起了一座错落有致的城堡。当年绊倒过他的石头被放在城堡的入口处，上面刻着"我想知道一块有了愿望的石头能走多远"。

金言隽语

因为没有目标而失败的人远远多于因为没有才能而失败的人。目标非常重要，它是行动的基础，力量的源泉。一块有了目标的石头也能走得很远很远。记住：坚定地向着目标迈进，整个世界都会为你让路。

Chapter 3

第三章
行动要自发,每天主动一点点

决定哪些该做,就应该立刻采取行动,不必等别人交代。

——哈伯德

先行动起来,在行动中去纠正去调整。

——斯宾塞

01 没有行动，一切都是空谈

一个贫困的中年人非常想改变自己的处境，就去教堂祈祷："上帝啊，请求您让我中一次彩票吧！阿门。"几天后，他又愁眉苦脸地到教堂祈祷："上帝啊，您为什么不让我中彩票呢？恳求您让我中一次吧！阿门。"几天后，他再次来到教堂重复他的祈祷。他就这样周而复始地祈求着。有一天，他像往常一样向上帝祈祷："我的上帝，您为何不听我的祈求呢？让我中一次彩票吧，我愿终生侍奉您……"这时，圣坛上空传来了不耐烦的声音："我也很想帮你。可是，你最起码也该先去买一张彩票吧！"

金言隽语

成功的关键在于行动。正如古罗马一位大哲学家所说："想要到达最高处，必须从最低处开始，想要实现目标，必须从行动开始。"

02 面对目标，要考虑"如何做到"

泰姆卜莱顿是美国泰利米迪亚通信技术公司的副总裁，他在安大略省和魁北克省都拥有许多电台。他总是教育手下的员工："不要想着你做不到，要考虑你如何才能做到。"他实际也是这样做的。至今仍为人津津乐道的事件就是他曾在3天之内用3个小时，为受灾的巴里人筹集300万美元。

那是一个星期五的晚上，多伦多北面的一个叫巴里的城市遭遇龙卷风。当天晚上，泰姆卜莱顿目睹了这场灾难造成了多人死亡和数百万美元的财产被毁,他立刻决定利用电台为这些遭受苦难的人提供帮助。

当泰姆卜莱顿把泰利米迪亚的所有行政人员都召进了他的办公室,提出3天之内用3个小时,为巴里的人们筹集300万美元的议题时,房间里顿时鸦雀无声——那是他们无论如何也做不到的啊!

"请你们不要考虑是否能够做到,而是考虑一下是否应该、是否愿意这样做。"泰姆卜莱顿明白大家的顾虑,接着说道。

"我们当然愿意。"行政人员纷纷点头。

听了这个回答,泰姆卜莱顿说:"那我们就不要浪费时间去考虑我们能不能做到,那没有任何价值。我们当务之急是要思考一下'如何去做到'。谁有好的提议都可以说出来,除非我们想出了解决这个问题的办法,否则我们就不离开这个房间。"

房间里又是一片寂静。良久,终于有人提议说可以在加拿大全境用无线电播放一个专题节目。但马上有人反驳说公司电台的频率没有覆盖整个加拿大,那样做不到;况且电台之间通常并不能够协调一致,一起做一个节目的情况更是前所未有。

"这是一个很好的提议,不要说我们做不到。"泰姆卜莱顿却这样说,"接下来的问题都是和'我们如何去做到'有关的问题了。"

他的话激励了大家,马上有人建议请加拿大广播公司里最有名气的人物柯克和罗宾逊来主持这个专题节目。

"太棒了!"泰姆卜莱顿兴奋地说,"这真是一个具有创造力的建议!我相信我们一定可以做到。"

果然,3天后,他们就成功联络了多家电台——全加拿大共有50家电台同意参与这个专题节目的联合广播。而且，柯克和罗宾逊接受邀请并主持了这个节目。最终，他们在3个工作日内的3个小时里成功地筹集到了300万美元！

金言隽语

泰姆卜莱顿的故事具有很强的激励性，相信每个看到他的故事的人都会为他的"不要想着你做不到，要想着你如何做到"的信念所振奋。如果你需要去做一件事，不要去想这件事有多困难，担心自己无法完成，而是要想应该如何做才能做好这件事，并付诸行动。只有这样，你才能排除万难、战胜自我，最终赢得成功。

03 马上行动，无须等到万事俱备

20世纪90年代，两个来自北方的年轻人阿乐和阿海听说南方的大城市赚钱的机会多，于是一同乘车南下，到一个沿海的大城市去打拼新的天地。他们到了这个大城市后，看到高楼林立，车辆川流不息，心里羡慕极了。一辆漂亮的保时捷跑车从他们身边经过时，阿乐对阿海说："有一天我也要拥有一辆这样漂亮的车，我要天天开出来兜风。"阿海也暗想自己有朝一日也要开上这样的车。

两个人由于暂时没有工作，每天不敢花太多钱，他们中午只吃最便宜的盒饭。一次吃午饭时，看着盒饭摊前的长队，阿乐突然对阿海说："咱们为什么不做盒饭的生意呢？成本低，吃的人多，一天能赚不少钱呢。"但阿海的眼睛却盯着不远处的一个咖啡厅。阿海认为开咖啡厅才更赚钱。

两个人意见无法统一，只好分道扬镳，各做各的。

握手言别后，阿乐马上选择了一个不错的地点，请了一个做盒饭的厨师，自己则做杂工，收钱、进货、送盒饭等什么都干。经过不断努力和用心经营，十年后，阿乐已经开了很多家连锁店，积累了一大笔财富。他为自己买了一辆保时捷，实现了自己的梦想。

一天，他开车出去游玩，在路上看到一个衣衫褴褛的男子从远处走了过来。他走近一看，发现那人原来就是当年与他一起出来闯天下的阿海。阿乐连忙下车，高兴地拉住阿海说："这么多年不见，你跑哪儿去了？我以为你回老家了呢。这些年你都在做什么？"阿海茫然地回答说："十年间，我构思了好多赚钱的方案，但总是不能做到万事俱备……"

金言隽语

阿海总想找一个最合适的项目，等到万事俱备后再开始行动，结果白白地蹉跎了岁月。其实，我们有了目标之后就应该马上行动，并根据实际情况调整自己的策略。成功者的共性之一就是：一旦锁定目标，就马上行动起来。

04 机遇只眷顾主动的人

露西一直有个梦想，就是当电视节目主持人。她的父亲是华盛顿有名的律师，母亲则是著名的大学教授。家里人对她的梦想给予大力支持。露西确实具有这方面的才干，她非常懂得与人相处的艺术，很多人都愿意和她做朋友，甚至会把心里话对她讲，朋友们称露西为"身边的心理医生"。她常常幻想着有一天一家大的广播电台或是电视台给她一次机会："只要给我一次机会,我就一定能成功。"可是毫无行动的空想并没有任何作用,天上不会掉下馅饼,节目主管更没兴趣自己去搜寻人才。露西等待的奇迹始终没有出现。

莉莉也一直梦想着成为电视节目主持人。她家境贫寒,不像露西那样有可靠的经济来源,所以从小就懂得自己奋斗的道理。她白天去打工,晚上在大学里的舞台艺术系上课。毕业之后,她没有坐在家里空等机会来临,而是跑遍了洛杉矶的每一家广播电台和电视台,想谋取一个职位。但是,每个地方的经理都对她说他们需要的是一个有几年工作经验的人。虽然一直被拒绝,莉莉却一直没放弃,她积极主动地走出去寻找机会。在一连仔细阅读广播电视方面的杂志几个月后,莉莉终于看到这样一则招聘广告:北达科他州有一家很小的电视台招聘一名预报天气的女孩。虽然习惯了加州明媚阳光的莉莉不喜欢北方阴暗的天气,但这是她唯一的机会,是她希望找到一份和电视有关的职业的唯一一次机会。于是,她毫不犹豫地立刻动身了。莉莉在那里工作了两年,然后又在洛杉矶的电视台找到了一份工作。勤勉地努力了五年后,她终于得到提升,成了她梦想已久的电视节目主持人。

金言隽语

天下没有免费的午餐,任何事情都要靠自己的努力去争取。拥有良好的资源,却一直停留在幻想上,坐等机会来临,那还不如一无所有。只有靠自己的奋斗,主动采取行动,才能得到机遇的垂青,实现自己的目标。

05 不要害怕犯错

几年之前，张卓到一个大公司的总经理办公室去谈生意。在他们谈论的过程中，总经理的一个助理研究员送来了一份研究报告。总经理指着这份报告，不无赞赏地说："说实话，我从来没有见过这么好的调研报告，简直就是一项令人惊叹的奇迹。他把一个复杂的问题分析得异常精确；他还能设计多种方案，并预计了每一种方案可能带来的结果；他把整个情况分析得好像玻璃一样清晰透明。"

听到这一番夸奖，张卓不禁对这位助手表示出异常的钦佩。

"令人吃惊吧，是不是？"总经理笑着说，"这个人的脑筋要比我好两倍，他几乎能够分析出任何一个问题可能产生的后果和意外，并能提出非常不错的解决办法。而且他很文雅，受过良好的教育，人也很不错。可是有一点，他只能永远做我的助理。"

张卓觉得很惊讶，问总经理为什么。总经理坚定地说："因为他太害怕犯错误，所以只会分析，却永远不敢放手去做。这样，他只能当一个纸上谈兵的研究员。他把全部精力都耗费在了分析上，却永远没有勇气尝试付诸行动，真是可惜啊！"

金言隽语

我们应该大胆地把所制订的方案付诸实践，勇于行动的人才是真正的成功者。

06 拖延是魔鬼

一天晚上，小王打算集中精神看点儿和专业有关的书籍，以提高自己的工作能力。但他是怎样做的呢？他6点吃饭，准备7点看书。在吃饭时，他打开了电视，边吃饭边看电视。他本来只想看一点点，谁知节目太精彩了，他忍不住继续看了下去。看完电视后，已经8点了。他刚坐下来看书，突然想到还要打个电话和女朋友聊聊，又花了40分钟时间。接着，他又接了20分钟电话。然后，他走到洗手间，看见有几件衣服还没有洗，于是就开始洗衣服，又用了1个小时。洗完衣服后全身是汗，他就去冲洗一番。后来他有点儿疲倦，觉得应该小睡片刻，还要吃点夜宵。这个准备用功的晚上很快就过去了，最后小王在半夜一点钟才打开书本，但这时他已经看不下去了，只好投降，蒙头大睡，把看书的任务留待明天再说。

其实，生活中像小王这样的人有很多，他们"目光远大"，从来就只看到明天，唯独看不到今天。明天几乎成了他们拖延的理由。在他们的意识中，明天就是希望的象征，而今天相比于明天，就显得太没意义。但是，每个明天都会变成今天。因而，他们在拖延中一事无成。

金言隽语

成功学创始人拿破仑·希尔说："生活如同一盘棋，你的对手是时间。假如你行动前犹豫不决，或拖延行动，你将因考虑时间过长而痛失良机。"

Chapter 4

第四章
做事要迅速,每天高效一点点

工作中最重要的是提高效率。

——约·艾迪生

当你全神贯注时,你完成工作的速度和效率会相当惊人。

——吉米·罗恩

01 制订"每日计划"

约克任职于一个大型食品公司。他是公司推销中心的技术总监，每天的日程都被安排得满满的，很难抽出一点儿个人的自由时间。他自从做了技术总监之后还没有过一次超过3天的假期。即便这样，他的工作还是从来没有干完过。

对此，他感到很痛苦。他觉得自己忙得有点儿庸碌，必须改变这个局面了。一次，他参加了由数百名企业家联合举行的关于时间管理的大型研讨会。通过这次大会，他收获了许多东西。

回来之后，他再也不像以前那样加班加点地工作了，也不再把工作带回家去做了。那种每周工作六十多个小时的日子一去不复返了。约克甚至可以在周末抽出几个小时的时间去钓鱼。约克自豪地向大家宣布："现在我不用再加班工作了。我在较少的时间里做完了更多的工作。按保守的说法，我每天完成与过去同样的任务后还能节余一个小时。这真是让我自己都感到吃惊的事情。"

公司的同事也明显感到约克的工作效率提高了很多，于是问他原因。约克说："我的办法是在研讨会上学来的，那就是制订每天的工作计划，合理安排时间。现在我根据各种事情的重要性安排工作顺序，首先完成排在计划单最上面的事项，等这一项完成后再去进行其后的事项，以此类推。而我过去并不是这样，我那时的工作杂乱无章，每天都没有计划，想起什么做什么，分不清轻重缓急，以至于令一些无关大局的、琐碎的小事占据了我太多宝贵的时间。现在我把每天的工作都做好计划，把每天的时间都安排得有条不紊。于是，每天我都可以按时下班了，不必再拼命加班了，周末还能带儿子去游乐场玩。我对现在的生活非常满意。天啊，我为什么没有早一点儿发现这个秘密呢？"

> **金言隽语**
>
> 　　没有计划地生活和工作，会使每天都在庸庸碌碌中度过。看似做了大量的工作，实际上效率并不高。长此以往，你不会取得长足的进步。当你分清了每件事情的轻重缓急，有计划地做事情时，你的工作效率怎么可能得不到提高呢！

02 日事日清，日清日高

　　张先生是一家外企员工。在外企工作几年后，张先生感觉自己的才能还没有被充分挖掘出来，他有了自己开公司的想法。

　　想好之后，张先生毅然辞掉了在外企的工作，放弃了优厚的待遇，开始了自己艰难的创业历程。起初由于资金少，张先生就注册了一个小型的中介服务中心，经过呕心沥血的经营后，张先生公司的规模越做越大，员工也越来越多。

　　十年后，张先生的公司已经打出了自己的品牌，张先生在商界的影响也越来越大。一次，张先生在一期电视访谈节目上敞开了自己的心扉，畅谈自己的企业从创业之初到现在历经的磨难。当主持人问他把一个小公司带成一家大企业有什么秘诀时，他说："我的秘诀就是坚持我自己的一个做事原则，这一条原则不仅我要坚持，在我公司上班的每一个人都要坚持做到。我们在招聘的时候就会将这条原则向应聘者提出，如果他们做不到或不愿按照这样的原则行事的话，那么我们就不会与之建立劳动关系。别的方面我并没有过多的要求，但这个原则必须要遵守。"主持人顺势说："那张先生能不能告诉大家是什么原则让您不惜一切地坚守呢？"张先生说："这个原则其实也是国内一个著名企业家提出的——日事日清，日清日高。当天的工作任务要当天做完，绝不能拖延到第二天。每一天都要比前一天更有效率。这十几年来，无论我做职员还是做老板，我都一丝不苟地坚持这个做事原则。"

金言隽语

当日事当日毕，今天要比昨天进步，这就是日事日清，日清日高。让"日事日清，日清日高"成为自己的行事规范，工作效率自然会快速提高。坚持这样的做事习惯，必能成就一番事业。

03 第一次就把事情做对

做事要高效，就要一次把事情做对。如果重复返工，何来效率可言？在企业中，每个老板都会要求自己的员工一次就把事情做好，即使最简单的工作，也不希望员工粗心大意。不过可惜的是，总是有人一再出错。

一家广告公司的一名职员就犯过这样一个错误。在为客户制作宣传册时，老板一再嘱咐，因为时间紧急，务必要提高工作效率，但要保证册子里的内容准确无误。宣传册终于在客户开产品新闻发布会之前印刷出来了。在新闻发布会上，客户向到场的人一一发送宣传册，引起了强烈反响。就在客户准备夸奖这家广告公司效率高时，他们发现了一个问题，宣传册子上的联系电话竟然是错误的。而此时，存在错误的宣传单已发放出去了近万份。

一怒之下，客户向广告公司提出了巨额赔偿的要求。因为错在自己，广告公司无奈，只得如数赔偿。但事情远远没有结束，弄错电话号码之事被传开后，这家广告公司积累起来的信誉瞬间倒塌，客户越来越少，最后不得不关门。

第一次没有做对，就意味着你得做第二次、第三次，这样一来，就会导致工作效率非常低下。有时候，你根本就没有做第二次的机会，因为你的第一次做不到位，已经给整件事带来了毁灭性的打击。

金言隽语

要想做一名高效能人士，提升自己的办事能力，就要尽最大的努力做到：对于一件事，要么不做，要做就一次做好。

04 做事要专注

小宝是个无论学什么都不能专心致志的人。做事情时，他常常半途而废。他曾经废寝忘食地攻读英语，但没坚持多久，就听说时下流行学韩语，于是他又去学韩语，没坚持多久，他嫌韩语太难就放弃了，接着转攻日语，结果没学几天他又学烦了……可想而知，最后小宝什么语言也没有学成。

小宝学历不高，也没有什么过硬的本事，幸好他的父辈给他留下了一笔钱。一次，他有了做老板的冲动，就拿出10万美元投资办了一家煤气厂。可是那年生产煤气所需的煤炭价钱昂贵，这让他亏了本。他想：既然煤炭价格那么高，还不如做煤炭行业，肯定能挣钱。于是，他以9万美元的售价把煤气厂转让出去，入股开办起煤矿来。可这次他又不走运，因为采矿机械设备的耗资大得吓人。因此，他又把在煤矿里拥有的股份变卖成8万美元，转入了煤矿机器制造业。就这样，他不断跳来跳去，最后手中的钱也所剩无几。

就连谈恋爱，小宝都缺乏专注的精神。他谈过多次恋爱，但没有一次是有结果的。原因是他太喜新厌旧，跟一个女孩在一起超不过一个月就想去寻找新的刺激了。因此直到30岁，小宝还是孑然一身。

摇摆不定、不肯专注做事的小宝，为自己的行为付出了昂贵的代价。他的一生不仅毫无作为，而且也没有什么朋友，最终一个人孤单地走完了遗憾的一生。

金言隽语

只有全身心地投入到你所做的事情中，才能够激发出自己的热情与干劲，才能提高办事效率。对什么事情都没有耐心，不能专注的人，做什么都不可能成功。三天做这个，两天做那个，最后终将一无所成。

05 学会在疲惫之前休息

第二次世界大战期间，丘吉尔每天早晨起来后就开始工作，看报告、口述命令、打电话，甚至举行很重要的会议，一直到11点；吃过午饭以后，他一定要再上床去睡一个小时；到了晚上6点，他也会先去睡两个钟头，然后在8点醒来吃晚饭。他经常休息，这样就不至于过度疲劳，所以可以很有精神地一直工作到后半夜。因此，他60岁的时候仍能够每天工作16个小时，指挥英国对法西斯作战，并最终取得胜利。

约翰·洛克菲勒有一个习惯，就是午睡——每天在办公室里睡半小时午觉。午睡期间，他不做任何工作，即使是美国总统打来的电话他都不接。这种良好的休息习惯，使他活到了98岁，并赚到了当时全世界数量最多的财富。

棒球名将康黎·马克有每次出赛之前睡个午觉的习惯，即使只是睡5分钟，也能让他全场奋战，英勇不凡。如果他没有睡午觉，到第五局就会觉得筋疲力尽了。

从事体力劳动的人，如果休息时间多的话，每天就可以做更多的工作。佛德瑞克·泰勒担任科学管理工程师的时候，仔细观察工人的工作流程和工作状态，做了这样一个实验。他选择了一名叫施密德的工人，用秒表规定他的工作时间和休息时间，并站在一边指挥他："请现在去搬生铁，开始工作……下面坐下休息……现在继续起来工作……现在休息……"

结果是惊人的：施密德每天能装运40吨生铁，而别人最多只能装运20吨，并且在佛德瑞克·泰勒受雇贝德汉钢铁公司工作的那三年里，施密德的工作能力从来没有降低过。施密德每个小时大约工作26分钟，休息34分钟，休息的时间要比他工作的时间多，可是他的工作效率却差不多是其他人的4倍。这样工作之所以高效，是因为工作的人在疲劳之前就开始休息。

> **金言隽语**
>
> 休息不是什么事都不做，休息是为了补充体力，是为了更好地做事。短短的一点儿休息时间就能解除疲劳，带给你做事时的无限精力，让你的行动变得高效起来。

06 一次只做一件事

小王有一次到外地出差。当他走进北京火车站时，看着拎着大包小包的黑压压的人群，他逐渐变得焦虑起来。当他经过车站问询处时，发现这里人很多，而且都拥挤在一起。

小王知道，在这视时间如金钱的时代，每一个行色匆匆的旅客都会争着询问自己的问题，也希望能够立即得到答案。因此，对问询处的服务人员来说，工作的紧张与压力可想而知。可柜台后面的那位服务人员看起来一点儿也不紧张。他身材瘦小，戴着眼镜，一副文弱的样子，却显得那么轻松自在、气定神闲。

在他面前的旅客，是一个中年妇人，她穿着一件破旧的蓝色上衣，看起来十分焦虑不安。问询处的职员倾斜着上半身，以便能听到她的声音。"是的，你要问什么？"他把头抬高，集中精神，透过他的厚镜片看着这位妇人，"你要去哪里？"

这时，有位穿着西装的男子急匆匆地走过来，试图插话。但是，这位服务人员却好像没有听见他的问话，只是继续和这位妇人说话："你要去哪里？"

妇人报出了站名。

"那趟车在20分钟之后才出发,在第四候车室3号站台上车。你不用着急,时间还有很多。"

"你是说3号站台吗?"

"嗯,没错。"

妇人转身离开了问询处,这位服务人员立即将注意力转移到下一位客人、刚才问话的穿西装的那位男子身上。但是,没多久,那位妇人又回头来问站台号:"我想再确定一下,你刚才说的是不是3号站台?"这一次,这位服务人员已经集中精神在下一位旅客身上,不再管她了。

此刻,小王对这位服务人员产生了浓厚的兴趣。等到工作人员午休时,他特意再次来到问询处,主动与那位服务人员攀谈起来:"这么多旅客,你怎么能保持冷静、还能做到热情服务呢?"

服务人员简单地回答:"我并没有什么特别的窍门,我只是单纯地处理一位旅客的问题。忙完一位,才换下一位。在一整天之中,我一次只服务一位旅客。"

> **金言隽语**
>
> 许多人在做事的过程中把自己搞得疲惫不堪,而且效率低下,很大程度上就在于他们没有掌握这个有效的办法:一次只解决一件事。他们往往一次做许多事情,想以此提高工作效率,但结果却往往适得其反,因为头脑中信息太多会阻碍思考,让自己的效率变得低下。

Chapter 5

第五章
打开思维天窗，每天创新一点点

日日创新。

——日本索尼公司

独辟蹊径才能创造出伟大的业绩，在街道上挤来挤去不会有所作为。

——布莱克

01 不要给自己设限

跳蚤是动物身上常见的寄生虫，尤其是在猫和狗身上，以吸血为生。跳蚤有两条非常强壮的后腿，因而善于跳跃，被誉为动物中的"跳高冠军"。它能跳七八寸高，跳跃高度为其体长的五百倍，而且能连跳三天三夜。

心理学家曾做过这样的实验：把一些跳蚤放进广口瓶中，用透明盖子盖上。一开始，这些跳蚤试图跳出去，逃脱广口瓶的束缚，它们用强壮的后腿奋力地蹬着瓶底向上腾空跳跃，但总是碰到透明盖子上，无功而返，不过它们还会继续向上跳。当你仔细观察它们跳跃时，你会发现一件有趣的事情：跳蚤虽然还在继续跳，但是已不再跳到足以撞到盖子的高度。

这时，实验者拿掉盖子，跳蚤还在跳，但永远也跳不出广口瓶以外了，因为每只跳蚤似乎都在默认一个看不见的高度，它们已经不想再试着跳得更高一点儿了。理由很简单，它们已经调节自己只跳到那么高，一旦确定，便不再改变。

金言隽语

跳蚤之所以在没有盖子的情况下也跳不出广口瓶，是因为它在心理上给自己设了限。给自己设限，只会僵化自己的思维，导致自己在行动上不能有所突破。所以，不要给自己设限，只有努力超越自我，才能不断开拓更广阔的空间。

02 避免陷入思维定势

在一次心算擂台挑战赛上,一个机灵的小男孩提出要挑战著名的心算家艾伯特。大家都知道,艾伯特的心算既神速又准确,多年以来,还从来没被难倒过。

"你尽管出题好了,孩子。"艾伯特胸有成竹地说。

"那我就出题了。"小男孩眼珠一转,说到,"一列原载有120位乘客的巴士进站,下车23人,上车12人;再下一站,上车16人,下车9人;再下一站,下车25人,上车23人;再下一站,上车19人,下车15人;再下一站,下车10人,上车2人;再下一站,上车23人,下车15人。"男孩说到这儿停了下来。

"说完了吗,孩子?"心算家笑着说,心想:这么简单的题目也拿来考我?真是个孩子。

"没有。艾伯特先生。"小男孩接着说,"巴士继续开,下一站,上车12人,下车15人;再下一站,下车18人,上车5人;再下一站……"

"还没好吗?"观众中的一个人都有点儿心烦了,不禁插了一句。

"好了,就这样吧!"小男孩微笑着说,"我说完了。"

"那好。"艾伯特闭上眼睛,信心十足地说,"我可以马上告诉你结果。"

"好啊,艾伯特先生。"小男孩狡猾地一笑,"不过我对车上还有多少人没兴趣,我想知道的是这辆巴士一路上一共经过了几个车站!"

"啊!"心算家脑中一片空白——他从没想过这个问题!

金言隽语

　　故事中艾伯特的失手,是典型的思维定势带来的失误。我们很多时候也会犯同样的错误,囿于惯性思维,陷入旧有习惯,从而犯下错误。或许,我们应该多观察一下孩子,用他们那样澄亮的眼睛重新看待世界,用他们那样开阔的思维重新思考问题。

03 敢于打破常规

　　为了启迪公司的员工打破惯性思维、发挥创造力,老板在员工大会上给员工讲了这样一个故事:"大家见过章鱼吗?章鱼的身体十分庞大,而且凶猛好斗,不少海洋中的生物都害怕它,但渔民却可以很轻松地捕获它。这是为什么呢?"

　　老板接着说:"这就是因为章鱼太因循守旧才导致的下场。章鱼的身体很重很大,但它们却总喜欢往狭窄的地方钻,因为它们没有脊椎,身体很柔软,所以它们可以将自己塞进狭窄细小的地方。当然,它们最喜欢的还是将自己塞进海螺壳里,这样它们可以像捉迷藏一样躲在这里,等到鱼虾走近的时候,就突然出来袭击它们,获得一顿美餐。这家伙可算是海洋里的一大杀手。但是,面对聪明的渔民,它们往往是"束手就擒",因为渔民们掌握了它们的天性,章鱼不是喜欢往狭窄的地方钻吗?渔民就常常将小瓶子用绳子串在一起沉入海底,让章鱼往里钻。不论瓶子有多么小、多么窄,章鱼总能钻进去。最后的结果不言而喻,这些在海洋里无往不胜的章鱼最后轻轻松松地就成为渔民们的战利品。"

> **金言隽语**
>
> 其实，囚禁章鱼的是它们自己，因为它们没有变通的思维，不能跳出常规，让自己陷入了"死胡同"。从中我们应该吸取教训，不要被旧的模式禁锢，而应该积极开辟新思路，打破陈规。只有这样，我们才能取得令人瞩目的成就。

04 学会逆向思维

一位老人退休后，在一所学校附近买了一栋简朴的住宅，打算在那儿安度晚年。他之所以看上这个地方就是因为这里的环境很安静。他很喜欢这种氛围，在最初的几个星期里他也过得很舒适。

但好景不长，不久就有三个调皮的小男孩，天天在附近踢这里的垃圾桶。附近的居民深受其害，为制止他们的恶作剧，采用了各种各样的办法，好言相劝过，也吓唬过他们，但效果不佳，三个小男孩该怎么踢还怎么踢。邻居们最终无计可施，也只好摇头轻叹，听之任之。

这位老人实在受不了他们制造的噪音，就决定想办法让他们离开。

他出去跟他们谈判："你们几个一定玩得很开心，我小的时候也常常做这样的事情。你们可以帮我一个忙吗？如果你们每天来踢这些垃圾桶，我每天给你们一元钱。"这三个小男孩听了心里非常高兴，心想这样以后买零食再也不用求爸爸妈妈给钱了，于是连忙点头表示同意。之后几天，他们使劲儿地踢着附近所有的垃圾桶。

过了几天，这位老人愁容满面地找到他们。"最近我的生意不好，收入也减少了。"他说，"从现在起，我只能给你们每人每天五毛钱了。"这三个小男孩听到老人这么快就降低了给自己的报酬，心里有些不满，但一想还是有钱拿也就接受了。他们每天下午继续踢垃圾桶，可是，却明显没有以前那么卖力了。

几天后，老人又来找他们。"瞧！"他说，"我的公司马上就倒闭了，所以每天只能给你们两毛五分了，行吗？"

"只有两毛五分！"三个小男孩齐声喊道，"你以为我们会为了区区两毛五分钱浪费时间，在这里踢垃圾桶？不行，我们不干了！"

从此以后，老人过上了安静的日子。

金言隽语

打开思维天窗，就是让思想不受陈规的束缚，同时，我们应该学会逆向思维。逆向思维可以解决人生的诸多麻烦与问题。用常规思维解决不了的难题，往往通过逆向思维便可以轻松破解。不会逆向思维的人，就好比不会拐弯的汽车，迟早会撞到墙上。

05 发散思维让你的出路更多

"喂，是大卫吗？"电话那头是大卫的朋友戴维，"你愿意做一个试题的评分鉴定人吗？"

"哦？戴维，"大卫说，"你遇到什么麻烦了？"

"我和我的学生就一道物理题产生了争议。"戴维是一个物理老师，他说，"我给我的一个学生的一道习题打了零分，他却认为自己应该得满分。我们需要一个公平无私的仲裁人。"

"好吧。"

"试证明怎么能够用一个气压计测定一栋高楼的高度。"大卫拿着试卷，看看题目，再看看学生的答案："用一根长绳子系住气压计，从楼顶向楼下坠；坠到地面后，再把气压计拉上楼顶。然后测量绳子放下的长度，即为楼的高度。"

"我认为这个学生应该得到高度评价，他的答案是正确的。"大卫对戴维说。

"可是……"戴维皱着眉头说。

"我知道你的顾虑。"大卫打断朋友的话，然后对那个学生说，"你能用6分钟再次回答一下这个问题，且必须在回答中表现出一定的物理学知识吗？"

学生满不在乎地奋笔疾书，6分钟后，大卫和戴维看到他写出了好几个答案：

"把气压计拿到楼顶，让它斜靠在屋顶的边缘处。让气压计从屋顶落下，用秒表记下它落下的时间，根据落下的距离等于重力加速度乘下落时间的平方的一半，算出建筑物的高度。

"在有太阳的日子，在楼顶记下气压计的高度和它影子的长度，再测出建筑物影子的长度，就可以利用简单的比例关系，算出建筑物的高度。

"拿着气压计，从一楼登梯而上至楼顶，并用符号标出气压计上的水银高度，用气压计的单位算出这栋楼的高度。"

"用一根线的一端系住气压计，像钟摆那样摆动，然后测出街面和楼顶的g值（重力加速度）。以两个g值之差，在原则上就可以算出楼顶高度。"

看到这里，戴维决定给这个学生最高的评价。

"如果不限制一定用物理学方法回答这个问题，"那个学生笑着说，"我还有许多其他方法。例如，你可以拿上气压计走到楼房底层去找管理人员。你这样对他说：'亲爱的管理员先生，这儿有一个很漂亮的气压计。如果你告诉我这栋楼的高度，它就属于您了……"

"毕业后，去我的公司做创意总监，怎么样？"大卫当下向这位学生发出邀请。

金言隽语

故事中的学生之所以被大卫赏识，是因为他拥有可贵的发散思维能力。对于很多事情，我们习惯局限于固有的解决方法上，不懂得从其他角度、其他方面探索更多的解决思路，因此经常陷入思维的困境中。其实，只要善用自己的头脑，让自己具有发散思维能力，你会发现解决问题的方法不只一个。

06 留意你的奇思妙想

从前，一个学过裁缝的年轻人想用自己以前给别人做衣服积累的一些资金开一个铺子。没过多久，他在一个楼房里租了一所陋室，开办了自己的服装店。他的手艺虽然精湛，但一开始他做的衣服并不畅销。

他左思右想，如何才能让别人看上他做的衣服呢？一天，他想到一条妙计，他不惜血本地聘请二十多位年轻漂亮的女大学生，组成了业余时装模特队，让她们穿上自己设计的服装向大家展示，此前还没有人这样做过。他的这次别开生面的时装展示会吸引了许多人的目光，也使他的事业获得了意外的成功。当地所有的报纸几乎都报道了这次凝聚着奇妙构思的服装展示会。随后，订单雪片般地飞来，年轻人第一次体验到了成功的喜悦。

设计女性时装的成功，给了年轻人很大的鼓舞。年轻人想，服装市场并没有人设计男装，自己为什么不开始设计男装呢？年轻人决心要打破女装一统天下的格局。

过了三年，年轻人再次举办了时装展示会，展示了自己设计的男装。但他的这一举动在时装界掀起了一场轩然大波，业界人士视他这种行为为"离经叛道"。一时间，年轻人成为时装界的众矢之的，在名誉上和经济上都受到了极大的损失。但是，年轻人坚信自己的想法没有错，因此他没有在流言蜚语中退缩。几年后的事实证明了他的天才构想，他设计的系列男装很快行销世界各地，成为世界上最知名的品牌。

金言隽语

不要认为自己脑中的奇思妙想根本就是无稽之谈，从而自己为自己堵住了成功之路。奇思妙想其实是你思维敏捷的一种表现。奇思妙想往往会给你带来巨大的收获。所以，我们应该留意自己的奇思妙想。只会简单模仿别人，而没有自己的创造之举的人，很难在生活中赢得先机。

Chapter 6

第六章
勇于背负责任,每天担当一点点

责任具有至高无上的价值,它是一种伟大的品格,在所有价值中它处于最高的位置。

——爱默生

人生中只有一种追求,一种至高无上的追求——就是对责任的追求。

——科尔顿

01 在其位，谋其职

　　苏珊出生于中国台北地区。上大学时，她阴差阳错地进入工商管理系。其实，出身于音乐世家的她，从小就受到了很好的音乐启蒙，所以她非常喜欢音乐，她真正的人生理想是在广阔的音乐天地里有所作为。但一向优秀的苏珊，对自己不喜欢的专业依然学得很认真。毕业时，学科成绩排名第一的她被保送到美国麻省理工学院，攻读当时许多学生梦寐以求的MBA（工商管理硕士）。随后，她凭借出色的成绩又拿到了经济管理专业的博士学位。

　　一路走来，虽然获得了众人眼中的成功，但苏珊心里仍然遗憾颇多，"老实说，至今为止，我仍谈不上喜欢证券行业，音乐依然是我的一个美丽的梦，但恐怕也只能是个梦了。而对于现在的工作，我不管喜欢不喜欢，都必须认真面对。因为我在那个位置上，我必须对工作负责，也是对自己负责，全心全意地把工作做好……"

金言隽语

　　我们都希望能从事自己喜欢的工作，但是很多时候，理想和现实是有一定差距的，甚至差距还很大。那么此时，我们就应该拿出"我在那个位置上"的责任心来，认真地面对自己必须负责的工作，尽职尽责地做好工作，尽力完善自己的人生。

02 即使事不关己，也要乐于操心

范义彪供职于一家国内知名企业。一天，他到一家销售公司去谈一款最新打印设备的销售事宜。不巧的是，同他一直保持密切业务关系的经理不在。当他提起即将推出的新产品时，负责接待他的员工只是冷冷地说："经理不在！"

范义彪耐着性子继续把厂家准备如何做该款产品的宣传、需要经销商如何配合进行渠道开拓的设想向这位接待人员做了详细讲解，试图得到他的回应。但是，令他非常失望的是，那个人根本不听他的阐述。

范义彪没有任何办法，只好悻悻地走出了那家公司。他来到与他有业务联系的第二家公司。不巧的是，这家公司的经理也不在。但他还是想试一试，看能否说服接待他的人。接待他的是一位新来不久的年轻女大学生。

当范义彪向她说明了来意后，女大学生敏锐地感觉到这是一个不错的商机。于是，她主动要求第二天就为他们公司送货，其他具体事宜等老板回来以后再由老板定夺。结果因为这款产品在整个市场上只有这一家公司独家经营，不到一个月就销售了近6000台。这家公司从中净赚了10多万元。

范义彪后来把这件事告诉了第一家公司的经理，经理当然非常痛心。他把那位员工找来询问此事。那位员工没有反省自己，却振振有词地说："那天，你出差还没有回来，再说这事也不是我的工作，于是就没有让他把货留下。"

经理本意只是想让这位员工吸取教训，反省一下自己的错误，让他记住以后再碰到此类事情应该先给经理打电话，却没有想到他竟然是一副事不关己的态度，把他应负的责任推得一干二净，于是大怒。很自然，这位员工马上就被经理"炒鱿鱼"了。

金言隽语

遇到事情，一般人都认为，事不关己，就不去管它，但是杰出的人却把这些事情当作自己的事情来做。于是，善于操心的人从一般人里脱颖而出，这就是杰出的人与一般人的区别。因为事事操心者方能掌控大局，掌控大局者方能获得更大的成功。

03 履行责任才能展现能力

在20世纪70年代中期，索尼彩电深受日本国民喜爱，在日本占有极大的市场。不过，它在美国市场却陷入了销售困境，销售数量少得可怜。为了占领美国市场，索尼公司先后派出数位负责人前往芝加哥开拓市场，但他们都无功而返。

尽管如此，索尼公司并没有放弃美国市场。卯木肇担任索尼国外部部长后，被派往芝加哥开拓市场。经过认真调查，卯木肇发现之前的负责人只是盲目追求卖出的产品数量。他们为了增加销售额，不顾公司的形象，在当地主流媒体上一而再、再而三地发布削价销售索尼彩电的广告。这些举动使美国人相信索尼彩电就是垃圾产品，因此都不愿意去买。这样，索尼彩电在那里的口碑和销量都遭到了致命的打击。

为了完成开拓市场的任务，卯木肇找到实力雄厚的电器零售公司——马歇尔公司做突破口，想彻底扭转索尼彩电在美国市场上的不利局面。为了能见到马歇尔公司的总经理，卯木肇连续三天一大早就去求见。最后，马歇尔公司的总经理被他的耐心打动了，于是接见了他，但是总经理拒绝在自己的店里卖索尼的产品，理由是索尼彩电一直在削价出售，形象太差。卯木肇认真地听完总经理的批评，并表示马上着手改变产品形象。

从马歇尔公司出来后，卯木肇取消了削价销售的营销策略，并在当地报纸上重新刊登广告，塑造索尼的大牌形象。做完这些后，卯木肇再次来到马歇尔公司的总经理办公室。这次，总经理依然拒绝销售索尼彩电，理由是索尼的售后服务太差。卯木肇回去后，马上成立索尼特约维修部，全面负责产品的售后服务工作；并重新刊登广告，写明特约维修部的电话和地址，并声明是24小时为顾客服务。

经过一系列努力，总经理终于同意销售索尼彩电了，但只是试销，而且只能摆放两台，如果彩电在一个星期之内卖不出去，就必须撤走。为了将这两台彩电卖出去，卯木肇派出了两名最出色的员工。结果，彩电在第一天的下午就被卖了出去。后来，马歇尔公司又追加了两台。从此，索尼彩电入驻马歇尔公司旗下的商店。有了良好的销售平台，在随后到来的家电销售旺季里，索尼彩电一共销售出去了700多台，而时间只有短短的一个月。就这样，索尼彩电打开了美国市场。

> **金言隽语**
>
> 从卯木肇打开美国市场这件事来看,他的个人能力非常强。但是,他的能力是如何体现出来的呢?是他在竭尽全力地履行自己职责的过程中逐步体现出来的。责任是所有能力的统帅,没有责任,能力就是一盘散沙,没有任何用途。不知道肩负责任的员工,即使忙碌一辈子,也不会成为优秀的员工;而能够肩负责任的员工,其能力就会逐渐展现出来,会在工作中实现个人的最大价值。

04 事无大小,都要负责

很久以前,一个国王在抵抗邻国的入侵时,吃了败仗。他丢下士兵,化装成一个小商贩,逃进了森林里。身体上的劳累和精神上的挫败感让国王备感疲惫。他看到一个猎人的小茅屋,就上前敲门,企求留宿一晚。猎人不在家,他的太太没有认出国王,看他很可怜,就让他进了门。

"我要去采一些野果,你帮我看着放在炉子里的面包吧。如果你做得好,我就给你做一顿晚饭。"她说完后就出了门。

国王满口答应下来。猎人太太走后,他疲倦地靠着火炉坐下来。一开始,他的确是全神贯注地看着面包,但没过多久,他就睡着了。

猎人的太太在树林里遇见了打猎归来的猎人,她告诉猎人自己收留了一个可怜的商贩,正在家里帮他们烤面包呢。但是,他们还没进屋,就远远地看到屋子在冒烟!两人惊慌地跑回家,看到炉子上的面包已经变成了烧焦的脆片，而国王坐在火炉旁，正睡得香甜。

"我的天啊，你这懒惰的家伙！"还没等到猎人说话，他的太太就生气地尖叫起来，"你竟然睡着了！我们的晚饭全都被你弄糟了！"

国王从睡梦中惊醒，只得惭愧地低下了头。

"哦，亲爱的，不要这样！"猎人忙劝住太太，阻止她继续叫骂，"你知道他是谁吗？他是我们尊贵的国王。"

"哦，天啊！"他的太太吓坏了，忙跪下身子，哆嗦着说，"请原谅我，我……"

"不，你没有错，是我的错，我不应该承诺了看好面包，却又让它烤焦了。"国王扶起猎人的太太，"任何人要是承诺了负担责任，不管如何艰难，都应该去完成。"说到这里，他想起自己溃散的军队，"我输了这次的战斗，但下次我一定不会了，我会去履行一个国王的责任。"

第二天，国王从猎人家出发，满怀信心地重整他的军队，不久就打败了敌人。

金言隽语

无论是带领千军万马征战沙场、保家卫国，还是坐在火炉边烤制面包，只要是我们的责任，我们就应该把责任承担起来，尽职尽责地把事情做好。总之，无论事情是大还是小，是轻还是重，是缓还是急，也不管我们遇到什么困难，遭遇多大挫折，我们都必须坚守责任。

05 不找任何借口

失败不可怕,可怕的是找借口掩饰失败。而勇于承认自己失败的人,则会得到大家的尊重。

20世纪20年代,著名作家沈从文被当时任中国公学校长的胡适聘为该校讲师。沈从文当时只有26岁,年纪轻轻,见过的世面也不多,一身乡土气息,学历也只是小学毕业,他闯入上海文坛的时间也不长,但因为文采斐然,因此名气倒是很大。

不过,名气也不足以为他壮胆。在第一次走上讲台的时候,沈从文还是有些紧张。来听他的课的,除了原班的学生之外,别的班慕名来听课的学生也很多。面对台下座无虚席、渴盼知识的学子,这位大作家竟然紧张得一句话也说不出来。过了十多分钟,他才慢慢地平静下来,并开始讲课。可原先准备好要讲授一个课时的内容,被他三下五除二仅仅在十分钟内就讲完了。

同学们你看我,我看你,弄不清是怎么回事,大家都很纳闷:这不像国学老师的讲课风格啊?离下课时间还早着呢,剩下的时间该怎么办?

很有自知之明的沈从文,没有天南海北地信口开河来硬撑面子,也没有为自己这次失败的上课找借口,而是转身拿起粉笔在黑板上工工整整地写道:"今天是我第一次上课,人很多,我太紧张了。"

这句话刚刚写完,立刻赢得了同学们善意和原谅的掌声。

金言隽语

沈从文没有成功地上好自己的第一堂课,但也没有为自己的失败找任何借口,从而赢得了大家对他一如既往的尊重。许多借口总是把"不""不是""没有"与"我"紧密联系在一起。其潜台词就是"这事与我无关",不愿承担责任,把本应自己承担的责任推卸给别人。我们应该做到:勇于承担责任,不找任何借口。

06 让问题到此为止

美国总统杜鲁门的办公桌上有个牌子,上面写着"Bucket stop here。""Bucket"原意为"水桶"。因为在美国西部开发中,人们运水的时候只能依靠水桶,所以"水桶"有一个引申义,就是"问题""麻烦"。因此,这句话的中文意思是"问题到此为止",也就是"自己承担责任,不把问题推给他人"。

在一次订单采集员的座谈会上,一位订单采集员正在抱怨:"由于一位客户的联系电话出现了故障,我无法及时联系到他。于是,这位心急的客户拨打了他所在县分公司配送部的电话。配送部接电话的工作人员又让这位客户拨打客户服务部的电话。客户服务部的工作人员又让他拨打片区客户经理的联系电话。而这位客户经理却又让客户拨打订单采集员的联系电话。由于已经快到了工作流程的收尾时间,而且这种紧俏货源数量有限,已经销售完毕,所以根本无法满足这位客户的需要。这引起了客户的强烈不满,不仅抱怨我、投诉我,而且还愤愤地说以后再也不买我们公司的产品了。"在这件事中,导致这种结局的人是谁?是订单采集员吗?不,是包括配送部、客户服务部以及客户经理在内的所有人员。他们都把问题往下一个环节推,既耽误了处理问题的时间,又让客户产生不满。

金言隽语

让问题到自己为止,不要把问题再推给他人,也不要让问题在自己这里变得更大。养成对自己负责、对工作负责、对公司负责的良好习惯,使自己成为问题的终结者。

Chapter 7

第七章
培养良好心态，每天乐观一点点

乐观的人永葆青春。

——拜伦

沉舟侧畔千帆过，病树前头万木春。

——刘禹锡

01 在困境中也不放弃希望

在"文革"时期,很多人受到莫名的迫害,一些人没有经受住打击,含恨离开了人世。但是有些人坚强地活了下来,而且越发精神矍铄。

有这么一则故事,在人们中间默默地流传。那时,在同一所大学教学的一位中文教授和一位音乐教授被下放到同一个农场。鉴于当时他们已经不再是年轻力壮的小伙子,所以派给他们的工作就是锄草。无论天气多么恶劣,他们都要到那片农场里锄草。炽热的太阳灼伤了他们的皮肤,晒黑了他们的胸膛;过度劳累使他们浑身像散了架一样酸疼;大半辈子都在拿笔杆子的手现在只能握起沉重的锄头……生活的重担结结实实地压在了这两位满腹经纶的老人身上。

一年以后,那位中文系的教授不堪生活的痛苦折磨,含恨离世。

那位音乐教授依然日升而起,日落而息,在锄草中度过每天中的大部分时间。一晃6年过去了,老教授终于等来了回校的通知。学生们在教室里等待老教授讲课,心想他一定被苦难折磨得不成样子了。可是,当教授走进教室的时候,人们嘘声一片,因为出现在眼前的教授显得精神抖擞。当人们惊讶地问起其中的缘由,老教授神秘地说:"我每天都是按照4/4拍锄草的。"日子虽然艰苦,但是这位教授并没有在困境中放弃希望,他依然乐观地生活着,终于迎来了灿烂的阳光。

金言隽语

不管对待工作还是生活，拿得起放得下都会使人从中受益。消极悲观只会使情况越来越糟，甚至使自己彻底绝望。失意时不抱怨，乐观看待问题，才能发现生活的快乐和美好。

02 凡事往好的方面想

有一个人每天都是开开心心的，从没有人见过他不开心。另一个人很奇怪：我们谁都避免不了遇见一些不开心的事情，没有理由每时每刻都开心啊。于是他就问那个整天都开心的人："你为什么每天都这么开心呢？"

"因为我没有什么不开心的事啊。"

"那怎么可能呢？如果有一天你一个朋友都没有了，你还开心得起来吗？"

"我为什么会没有朋友呢？"

"我是说假如。"

"即使是那样的话，我也会感到高兴。"

"为什么呢？没有朋友的人多孤单啊？"

"因为我没有的只是朋友啊，我还有我自己，有了我自己我还会有其他的朋友。"

"那假如你走在路上，就像现在一样高高兴兴的，忽然掉进了井里，你还会开心吗？"

"我当然要感到高兴啊,我是多么幸运啊,我只是掉在了井里,而不是掉进了一个万丈深渊。我用这么小的代价得到了一个教训,是一件多么幸运的事情啊!"

"那比如说,你走在街上,谁也没有惹,但是却有一个醉汉走过来,不由分说就把你打了一顿,你还觉得幸运吗?"

"那我也该高兴啊,幸亏他没拿刀,不然,我就不是被打一顿,而是被杀死了。"

"那么假如有一个人突然跳到你的跟前,对着你声嘶力竭地嚎一首极其难听的歌,你应该会觉得反感吧?"

"哦,这更没有关系了。他怎么嚎叫也只是一个人,他自己嚎一会儿就累了,总比一只狼在眼前嚎好多了。我没有什么不高兴的啊!"

他的回答让那个好奇的人很无奈。最后,好奇的人又问道:"如果有一天你死了,你还高兴吗?"

"如果真有那么一天,我也会高兴地去另一个世界狂欢,因为我在人世的每一天都过得很快乐。"

金言隽语

凡事都往好的方面想,不抱怨、不悲观,乐观地生活,才能拥有积极的人生。

03 不要为不确定的事烦忧

杰克将要被派到海军陆战队服兵役了。

自从他得知这个消息后就愁眉不展，终日茶不思、饭不想，似乎心中有万千的愁绪无法排遣。他的祖父看他这副模样，不无担心地问："哦，我亲爱的杰克，是什么事让你这么苦恼啊？"

　　杰克说："祖父，我就要去海军陆战队服兵役了，但是我很担心。"

　　"孩子，这有什么好担心的呢？虽然人们都说到海军陆战队将会面临很多艰苦的事情，但是也不一定啊。你到了部队，有可能被派去内勤，也可能被派去外勤。如果你被派去内勤了，也就没有什么好担心的了。"

　　"万一我被派去外勤了呢？"

　　"那你也有可能会留在本土，或者被派去外地。如果留在本土，不是也很好吗？"

　　"那不是还有可能被派去外地吗？"

　　"孩子，被派到外地也不是那么可怕啊。你有可能会被留在后方，也有可能被派去前线。你想如果你被留在了后方，那也没有什么可怕的啊！"

　　"但是，祖父，我很担心我会被派去前线，那样不就糟了吗？"

　　"也不一定啊，这要看你是要上战场杀敌，还是要在哨所里站岗放哨啊。如果你只是站岗而已，那也没有什么大不了的。"

　　"万一我被派去战场怎么办啊？这可是我最担心的事情呢。"

　　"去了战场也是一样，会有两种可能：你有可能会平安无事，然后完好地退伍；还有一种可能就是会在战争中负伤。"

　　"负伤？天啊……"

"负伤也不是那么可怕啊,你有可能只是负点轻伤,然后被送回本土养伤,那就没什么了;最坏的可能是受了无法医治的重伤……"

"我要是死了可怎么办啊?这太可怕了。"

"孩子,如果真的有那么糟糕,你已经走了,什么也感觉不到了。倒是我们这些前辈,要经历白发人送黑发人的痛苦。所以,为了不让我们痛苦,你要爱护自己,健健康康地回来啊。"

金言隽语

为了不一定发生的事情忧心忡忡,除了令自己不开心外,没有任何意义。即使一件令人担心的事情真的发生了,它也有好、坏两方面,我们没有必要一味悲观。

04 对自己说"没关系"

郝兰与王霞同在一家纺织厂上班。1993年,她们两个人成了下岗工人。面对下岗的事实,王霞十分沮丧,她认为自己在这样的一间工厂工作太倒霉了。自己把青春和热情都毫无保留地奉献给了它,可到头来就这样毫不客气地被它给"踢"了出来,成了在社会中游荡的"孤儿"。

与王霞的看法恰恰相反,失业后的郝兰没有一点儿悲哀,而是告诉自己"没关系"。后来,每当提起下岗的那段时间,郝兰都有些激动,她时常对周围的朋友说,"过去一直在工厂中工作,每月一到日子便去领那少得可怜的工资,然后再什么也不想地一心做好本职工作,常常觉得自己简直就是一台工序简单的机器。可是毕竟工作稳定啊,还是舍不得把这个'铁饭碗'给丢了。就只好有一天算一天，得过且过。所以当被主任通知停薪留职那天，我毫不犹豫地对他说：'甭留什么职了，留职我也不会再回来工作，我要做自己的事去，我认为下岗对我而言是一种解脱。'"

也许正是由于王霞和郝兰对下岗的两种截然相反的看法所致，一直处于悲观失望中的王霞始终没有想好自己该做什么，她觉得自己除了看织布机外根本没有能力做其他的事情！而郝兰经过几年的积极打拼，先后开过手工织手套作坊、制衣厂、棉纺厂等，现在已成为一家品牌服饰公司的女老板。

金言隽语

一位智者说："生活中最能化戾气为祥和的三个字是'没关系'。"乐观地面对不如意，把不幸变成幸运，把失败转变为成功。

05 不妨拿自己开玩笑

美国总统林肯小时候长得很丑，声音沙哑，说话结巴。在竞选总统时，对手攻击他两面三刀，搞阴谋诡计。林肯听了指着自己的脸说："让公众来评判吧！如果我还有另一张脸的话，我会用现在的这一张吗？"他诙谐的自嘲引来了众人的大声喝彩。

林肯成为总统后，一个反对林肯的议员走到他跟前挖苦说："听说总统您是一位成功的自我设计者？""不错，先生。"林肯点点头说，"不过我不明白，一个成功的自我设计者，怎么会把自己设计成这副模样？"那位议员哑口无言，灰溜溜地走了。

美国著名演说家罗伯特也有类似经历。工作压力使他早早就秃顶了。在他60岁生日宴上，来了许多朋友，妻子劝他戴顶帽子。罗伯特却大声对来宾说："不瞒各位，我的夫人劝我今天戴顶帽子，可是我没有戴。因为我知道，秃头有秃头的好处，如果天上下雨，我将是第一个知道下雨的人！"这句嘲笑自己的话，一下子使聚会的气氛变得轻松起来。

金言隽语

适当地拿自己开玩笑，是一种乐观的表现。每个人都有所谓的缺陷，或都有处于困境之时。此时，如果你做到拿自己开玩笑，说明你有足够强大的能力承受缺陷和挫折，你依然看到了生活的美好。而且，开自己的玩笑，也没有人会因此看不起你，他们反而会觉得你是一个有趣而乐观的人，会更愿意与你交往。

06 时刻保持微笑

"今天开会前，我想先给大家讲一个故事。"总裁比尔微笑着对公司的所有业务代表说，"有没有人注意到我们公司门前有一个擦鞋的小男孩，十一二岁的样子，叫南斯拉夫的？"

"嗯？"在场的业务代表面面相觑，猜不透总裁在重要的业务汇报分析会议上，提一个擦鞋的小孩子有什么用意。

"我见过，今天早上他向我问早安。"一位业务代表说道，"我还让他帮我擦了鞋。"

"怪不得你今天看起来像我一样精神，我也让他擦了鞋。"比尔笑着说,"我给他小费的时候,他说我比你慷慨。"

"哈哈……"笑声在会议室里响起,气氛缓和了不少。

"那个小男孩还和我说起他的收入,"比尔接着说,"擦一次鞋5分钱。"

"真可怜!"一位女业务代表皱着眉头叹息道。

"嗯,是挺可怜的。"比尔向那个女业务代表点了一下头,"据说在他之前,有一个叫切尔的男孩也在这里擦过鞋。""我知道,比南斯拉夫大几岁的。"第一个说话的那个业务代表插话道,"但似乎没待多长时间就不见了。"

"是的,"比尔点了一下头说,"小南斯拉夫告诉我,切尔擦鞋维持不了生活,所以离开了。然后他来了,并待了下去。说到这里,我不知道大家能不能领悟出来什么?"

"……"会议室里顿时静了下来,一阵沉默。

"小南斯拉夫还告诉我,靠擦鞋,他每个星期给他妈妈10元钱,存5元钱到银行,再剩下两元做零花钱。"比尔接着启发大家,"一个17岁的鞋匠在这里擦鞋无法维持生计,而一个11岁的小男孩除维持生计外,却还有节余,这是为什么呢?"

"或许,他更乐观活泼吧……"第一个业务代表思考着说,"每天早上都可以听到他清脆的早安问好,心情很好,所以想照顾他的生意。而切尔那个时候……"

"似乎整天哭丧着脸呢。"另一个业务代表补充道。

"很好!"比尔微笑地大声说道,"笑脸!问题就在这里!就是因为他们有着两张不同的脸。切尔虽然年长，但却整天哭丧着脸，一副悲观消极的样子；而小南斯拉夫却总是以一张笑脸迎接顾客，他的乐观向上感染了身边的人，大家都会不由自主地喜欢他，想给他更多的关照。"比尔说到这里停了下来。

"……"会议室里一片沉默，大家都在思考着。

金言隽语

我们在任何时候，都要用微笑的表情来面对工作，用乐观的态度来面对生活。当你对工作乐观真诚、对生活执着感恩、对人生心怀美好的时候，你的身边就会充满了真、善、美，你无疑就会成为一个成功而且幸福的人。

Chapter 8

第八章
自信才能赢,每天自信一点点

"不可能"这个字,只在愚人的字典中找得到。

——拿破仑

自信是向成功迈出的第一步。

——爱因斯坦

01 接受缺陷，超越自卑

罗慕洛身高只有1.61米，但他却长期担任菲律宾外长，与各国政要打交道。当他从学校毕业正式步入社会的时候，他与其他身材矮小的人一样，为自己的缺陷而自惭形秽。他试着穿过高跟鞋，或尽量比他人站得高一点儿。但他最终认为这是一种自欺欺人的做法，便把高跟鞋扔了，不再掩饰自己身材上的缺陷。

在1935年以前，罗慕洛还不为大多数的美国人所知晓。可后来发生的一件事让他在美国获得了很高的知名度。那时，他应邀到圣母大学接受荣誉学位，并且发表演讲。他自信的风度，精彩的言辞，征服了在场的每一个听众。那天，高大的罗斯福总统也是其中的演讲人之一。事后，他笑吟吟地责怪罗慕洛"抢了美国总统的风头"。更值得回味的是，1945年，联合国创立会议在旧金山举行。罗慕洛以菲律宾代表团团长的身份到美国国会发表演说，讲台差不多和他一般高，大家都在等着看他的笑话。等大家静下来时，罗慕洛出人意料地开始了他的开场白："我们就把这个会场当作最后的战场吧。"全场顿时寂然，接着爆发出一阵掌声。最后，当他结束震撼人心的演讲时，大家再次给他报以雷鸣般的掌声。从那天起，菲律宾在联合国中就被各国当作资格十足的国家了。回到住所后，他非常得意地对秘书说："如果是大个子说这番话，听众可能客客气气地鼓一下掌，但菲律宾那时离独立还有一年，自己又是矮个子，由我来说，就有意想不到的效果。"

罗慕洛丝毫不在意自己的"矮"，反而以此为突破口，为自己找到更好的发展道路。难怪他说:"但愿我生生世世都做矮个子。"

> **金言隽语**
>
> 　　成功者和失败者的区别在于前者能够挺起胸膛接受自己的缺陷,战胜自卑,后者却始终低着头消磨掉了自信。记住:自信地面对生活,因为总有一种美丽是属于你的。

02 自信增大成功的概率

　　"先生真是神机妙算啊!"一个年轻人走到一个算命先生那里大笑着说,"您还记得我吗?"

　　"你是大考前来算命的四个考生中的一个吧?"算命先生身边的徒弟看了看那个人,抢着说道,"你们考得如何?其他的三个人呢?"

　　"我们大考前来先生这里算命,当时先生面露微笑地伸出一根手指头,摇头不语。"年轻人笑着说,"其实先生早知天机,我们四个人中果然中了一个!当时我就知道那个人肯定是我。"

　　"恭喜施主金榜题名!"算命先生笑着说。

　　"多谢先生吉言在先啊!"年轻人拱手笑道。

　　年轻人得中的消息传出之后,大家都相信这位算命先生神准的道行,纷纷赶来找他算命。

　　"师父,您到底是如何知道他们四个人中有一个人可中的?"一天,徒弟终于忍不住问起来,"那么神算的方法为何不传授徒儿呢?"

　　"不,他们到底应试结果如何,其实我也不知道。"算命先生笑道。

"那您伸出那一根手指头是什么意思?"徒弟不舍地追问。

算命先生笑道:"这其中的奥妙就大了。一根手指可以指一人高中;也可以指两人高中,就是一半高中;也可以指三人高中,就是一个落榜;也可以指四人高中,就是没有一个落榜;最后……"

"最后也可以指没有一个人高中!"徒弟眼珠一转,马上接话道,"师父,您真是……"徒弟这才深刻体会到那一个动作中蕴含的智慧。

"那个年轻人高中,凭借的是自己的实力,怎么可能是用算命这种东西算得出的?"师父感慨道,"但是人性是这样的,你的心中相信什么,结果就可能会依照你所相信的那样来呈现。"

金言隽语

当我们坚信我们可以做到一件事情,我们真的就可以做到;当我们坚信我们可以达到某个目标,我们真的就可以达到……因为我们带上自信起程,可以无往而不胜!

03 没有不可能

二战期间,确切地说是1944年8月的一天午夜,在美军一位舰长的命令下,一位海军下士驾一艘小船趁着夜色把一位身受重伤的美军士兵送上岸边治疗。但是不幸的是,因为夜色茫茫,小船在那不勒斯海上迷失了方向,飘荡了四个多小时也没有找到海岸。在孤立无援、危机四伏的境况下,下士走投无路,想拔枪自杀。受伤的士兵劝阻了他:"虽然一切看上去都再糟糕不过了,但是,我们还是要有耐心……"就在这时，突然有极强的光亮升起——是前方岸上射向敌机的高射炮的爆炸火光！小船离码头不到三海里！

二战后，那位受伤的海军士兵立志成为一个作家。刚开始的时候，一切都是那么困难，稿子无数次被退回，他甚至开始考虑自己是否有那样的天分……每当他要放弃的时候，那夜的戏剧性的经历便浮上他的心头。"生命中那些大多数被认为不可改变、不可逆转、不可实现的事情，其实很多时候，只是我们的错觉。世上没有不可能。"他如此解释给自己听，并鼓励自己一定要自信，因为没有什么不可能。就这样，他一次次突破生活中各种各样的障碍，终于迎来了人生中的辉煌。

这位海军士兵就是出生于美国的普拉格曼，他连高中也没有读完，却成为一位非常著名的小说家。在他的长篇小说授奖典礼上，有位记者问普拉格曼，他事业成功关键的转折点是什么。"是二战期间在海军服役的那段生活。"普拉格曼这样回答。

金言隽语

我们总是习惯设一些"不可能"，把我们的生命"围"住，从此丢掉自信，一蹶不振，甚至轻生自杀。其实，生活中没有不可能，一个人应该永远对生活抱有信心，即使在最黑暗最危险的时候，也要对自己说："冬天都已经来了，春天还会远吗？"

04 勇敢迈出第一步

"'太荒唐了！太荒唐了！你注定要失败的！这事太难了，你一定做不成的！'这就是我的家人对我最开始提出要开个食品店的反应。"达芬尼·菲尔茨微笑着回忆道。

"真的吗？"节目主持人惊诧地问道，"他们怎么可以不相信像您这样有才能、有自信的人一定可以做到自己想做到的事情？"

"呵呵，"达芬尼·菲尔茨笑起来，"说出来你或许不信。小时候家里孩子很多，我的父母并没有给过我太多的表扬和肯定。童年的这种经历使我长大后依然缺少自信心。是的，从前的我是一个极度缺乏信心的人，美满的婚姻也没能改变这一点。"

"可是现在，您的公司'菲尔茨太太原味食品公司'是食品行业最成功的连锁企业，几乎每一家美国的食品商店的货架上都会出现达芬尼·菲尔茨的名字。"主持人的声调依然夸张。

"谢谢。是的，当时，唯一使我感到自信的是在厨房里烤制面包的时候……"

"于是，您选择开食品店来赢得属于自己的成功？"主持人说。

"是的。随着时间的推移，我越来越不能忍受自己的笨拙。我渴望成功，渴望走出家门，渴望为了梦想迈出第一步。"达芬尼·菲尔茨说道。

"您的决定是正确的，您的成功有目共睹。"

"一开始并不是这样。"达芬尼·菲尔茨说，"我的决定遭到家人的反对，我丈夫虽然给了我开店的资金，但是却始终怀疑我是否可以做下去。更糟糕的是，食品店开张的第一天，竟然没有一个顾客光临。"

"天啊，真是不幸。"主持人皱皱眉，"您没想过放弃吗？您是怎样坚持下来的？"

"我当时甚至认为我的家人是正确的。但我不想放弃,既然已经开始了,我必须自信地坚持下去。"达芬尼·菲尔茨笑着说,"我端着一盘刚烘制的食品,在我居住的街区请每一个过往的人品尝。所有尝过的人都称赞味道非常好,这让我越来越自信。逐渐地,大家接受了我的食品。"

"是的。您的大胆尝试不仅给我们带来了可口的食品,还带来了一个如此自信的菲尔茨太太!"最后,主持人笑着总结道。

金言隽语

没有人不期待成功,但很多人却因为不自信而不敢轻易尝试,他们更愿意循规蹈矩,因为这样更稳妥、更轻松。这就是很多人无法取得成功的原因。为什么不自信一点儿,勇敢地迈出第一步呢?就像故事中的菲尔茨太太一样。如果你有勇于冒险的精神,自信一点儿,成功就会离你越来越近!

05 学会积极的自我暗示

一个学校做了这样一个实验:学校把一些水平相同的篮球队员分为三个小组,让第一个小组在随后的一个月内停止练习投篮;让第二个小组在随后的一个月内天天练习一小时的投篮;让第三个小组在随后的一个月中天天在自己的想象中练习一个小时的投篮。一个月之后,学校对这三组队员进行了投篮成绩测试,结果发现:第一组队员的投篮成绩下降了2%,第二组队员的投篮成绩上升了2%,第三组队员的投篮成绩则上升了4%。

之所以在想象中的练习比真正的练习还要出成绩,就是因为在想象中，队员们所投的每一个球都是中的！这就是积极自我暗示的奇妙之处。

有一个人不小心被锁在公司中的冷藏室里，当时，同事们都下班了，公司里除了他以外一个人都没有。这个人特别害怕，认为自己会被冻死。随着时间一分一秒地过去，他觉得自己越来越冷，不由得把身子缩成了一团。第二天，当同事们打开冷藏室的时候，发现他已经被"冻"死了。但是，实际上那天晚上冷藏室里根本没有开冷气，里面也有充足的氧气让他坚持一晚上。其实，导致他死亡的真正原因，是他不断地在进行消极的自我暗示。

让"不可能、没办法、做不到、有问题、行不通、没希望……"等消极的字眼从自己的心中消失，让"我可以、我一定会赢、我是最棒的"等这类积极的字眼永驻心间！

金言隽语

如果一个人不停地自我暗示自己是一个优秀的人，那这个人也会越来越优秀；如果一个人始终觉得自己一无是处，他就会渐渐地被这些想法吞噬。所以，一个人若能够时时对自己进行一些积极的心理暗示，不仅会变得更自信，也会逐步走上成功之路。

06 自信但不要自恋

"自恋"一词出自古希腊神话：山林女神爱珂对美少年纳西塞斯一见钟情，但她的爱却被拒绝了。最终，山林女神在憔悴中死去。纳西塞斯的冷酷惹怒了报应女神娜米西斯，她决定惩罚纳西塞斯，让他迷恋上水中自身的倒影。

一天，纳西塞斯在林中行走，因为天气炎热，他满头大汗。就在这时，有一阵微风拂过，带来阵阵凉意。他循风而走，来到了一个美丽的湖边，湖水清澈如镜。纳西塞斯于是坐在湖边休息，当他低头看湖面时，发现了一张完美的面孔，惊为天人。结果，他爱上了自己在水中的倒影，日夜在湖边守护，目光始终不离水面。最后，纳西塞斯在湖边枯坐而死，化为水仙花（即现在水仙花的英文命名）。

如今，心理学家借用"自恋"这个词来描绘一个人迷恋自己的现象。其实，一个人爱自己无可厚非，这是自信的一种表现。但是如果成了一种病态的爱，就不正常了。和自信的人相比，自恋的人大多表现为过度自我重视、夸大自己的能力，认为自己不管做什么都是最棒的。在他们看来，他们生来就享有特权，他们将会获得巨大的成功、无上的荣誉。他们缺乏对别人的同情心，对别人的评价也过分敏感，如果听到赞美之词，就认为这是自己应得的；如果是批评之词，他们就会暴跳如雷，认为这是无稽之谈。总之，他们总是认为自己才是最好的，从不顾及别人的情感和需要。

人们对这些自恋的人的心理进行研究后发现，在他们的内心深处，隐藏着自卑和自责。他们的自恋只是用来构筑一堵自我防御的围墙。而且，这堵墙并不坚固，在外力的作用下，随时都会倒塌。总之，自恋的人不像自信的人那样拥有一种内心宁静、积极的力量。因此，自恋的人容易出现情绪困扰，如抑郁、烦恼等，甚至出现身体不适，如失眠、头痛、多汗等。

每个人都应该自信，但自信应该有一个度，切莫超越了这个度而让自己走入自恋狂人之列。

金言隽语

自信自己有天分，自我感觉良好，无疑是一种很好的心理状态。但是，万事不可太过。如果一味地认为自己是最完美的，自己的行为总是最正确的，自信就会变为自大甚至自恋，这样对你的进步没有任何帮助，反而会阻碍你前进。

Chapter 9

第九章
养成良好习惯，每天完善一点点

习惯形成性格，性格决定命运。

——约·凯恩斯

不良的习惯会随时阻碍你走到成名、获利的路上去。

——莎士比亚

01 养成利用零散时间的习惯

亨利先生是著名的社会学家。有一次,他带领自己的学生做一个社会调查,目的是得出全世界的成功人士最大的共同点是什么。

他们收集了全球共200名成功人士的资料,然后用了3个月的时间来通过材料了解这些成功人士的成功历程、性格习惯等,最后对他们一一进行采访。

总结整理了对这些成功人士的采访笔录后,亨利和他的学生们找到了他们想要的结果。这个结果就是——成功人士都善于利用零散的时间。在这些成功人士看来,时间无比宝贵,一分一秒都不能浪费,都必须用在对自己有意义的事情上。

这就是答案!这就是成功人士的共同点!为了让大家知道些更详细的内容,亨利先生还举了一个例子:那是一个国际咨询公司的老板,她的业务遍布全球,她每年都有许多时间是在飞机上度过的,但她没有像其他人一样在飞机上蒙着头睡觉,而是利用这段时间写卡片送给自己的客户,因为她相信和客户维持良好的关系是很重要的。她说:"这样做真的节省了我很多的交际时间。在有限的环境中,做些力所能及的、对自己有意义的事情,不是很好吗?我知道我的对手没有人这样做,所以他们没有我这么出色!"

亨利先生最后说,在同样的竞争环境里,在大家的绝对时间都一样多的情况下,谁能把握更多的零散时间,谁就能在竞争中占得先机。

> **金言隽语**
>
> 　　只有聪明的人才懂得时间的昂贵价值，他们不会轻易放过每一分钟。能够珍惜时间、把握零散时间的人，他的时间每天总会比别人多出来一两个小时，那么每年他就比别人多出几百个小时。这些多出来的时间，将大大缩短他与成功之间的距离。

02 养成注重细节的习惯

　　皮特参加了城际长跑。他很在乎这个比赛，一心想得到名次，于是不知疲倦地奔跑着。在途中，他的鞋里不小心灌满了沙子。皮特不想耽误太长时间，就匆匆把鞋子脱下，胡乱地把沙子倒了倒，便继续上路了。可是鞋里仍然留了一粒沙子，沙子磨着他的脚，使他跑一步、疼一下。即便是这样，皮特仍然舍不得休息，仍然带着那粒沙子继续前进，心里一直惦记着日落西山时一定要赶到宿营地。一路痛苦不堪，皮特终于赶到了宿营地。一路的奔跑使他很疲乏，他倒在帐篷里就沉沉入睡了，忘了脱去鞋子取出沙子。第二天，天刚亮，皮特就急急启程，向着目的地前进了。

　　就这样，皮特在一路痛苦中达到宿营地，又在痛苦中匆匆启程。终于，终点就在眼前了，但皮特却倒下了——他的脚已经痛得无法行走了，只得放弃比赛。

　　皮特万分懊丧，忍着剧痛脱掉鞋子，这才发现折磨了他几天并最终令他功亏一篑的不过是一粒沙子。

> **金言隽语**
>
> 皮特的遭遇不能不让我们同情，但在同情皮特的时候，我们或许更应该深深地思考一下：我们是不是也时常不重视身边细微的"小沙子"，而最终令自己狼狈不堪，甚至前功尽弃呢？切忌忽视微小的疏漏，因为日积月累，小麻烦也会变成大问题。

03 养成持之以恒的习惯

一个夏天的傍晚，天色很好，老张出去散步。他看见前方有一个身体纤瘦的小男孩——十来岁的样子，正用一只做得很粗糙的弹弓打一个立在他前方七八米远的玻璃瓶。还有一位妇女坐在旁边的草地上，不时地从一堆石子中捡起一颗，轻轻递到孩子手中。"她应该是那孩子的母亲吧。"老张心里猜度着。但那孩子的技术很差，有时甚至能把弹丸打偏一米，而且忽高忽低，看上去一点儿方向感都没有。但他的母亲依然安详地微笑着，用关切的眼神注视着身边的孩子，不断递上一颗又一颗石子。虽然老张看出那孩子在很认真地上弹、瞄准、射击……但他的技术实在太差了，每一弹都偏得很远——简直就是在乱打！

"让我教他怎样打吧？"老张实在看不下去了，走上前说。

男孩停住了，但还是看着瓶子的方向。

他母亲一愣，但马上对老张笑了笑："谢谢，不用。"

"可是他根本不会打啊，对不起。"老张着急地说。

她停了一下，望着又开始打弹弓的孩子，轻轻地说："他看不见。"

老张怔住了，顿时哑口无言。半晌，才不好意思地致歉："噢……对不起！但……为什么？"

"别的孩子都是这么玩儿。"

"嗯……"老张看看那个执着的小背影，"可是……可是他……怎么能打中呢？"

"总会打中的。"母亲平静地说，"我告诉他，只要他去做。"

许久，那个男孩似乎累了，打弹弓的频率逐渐慢了下来，但他依然没有打中一次。但是，通过仔细观察，老张发现孩子打得其实是很有规律的，他边打弹，边按方向顺序偏移，移到一定范围再移回来——他只知道在那个范围内，他才可以打到瓶子！母亲依然很安详地捡着石子，微笑着递上去，只是递的节奏也慢了下来。

夜色终于完全笼罩下来了，老张已经看不清那瓶子的轮廓了，只好转身回去。

"啪！"刚走出不远，老张突然听到身后传来清脆的瓶子的碎裂声。

金言隽语

只要你去做，持之以恒地去做，很多事情都可以办到；只要你去做，永不放弃努力，很多目标都可以达成。只要你坚持到底，一步步向成功逼近，成功最终将属于你！

04 养成与团队合作的习惯

在一个成功学的讲座上,讲师为听众讲了这样的一个故事:每到秋天,大雁都会成群结队地飞向南方,并且在长途飞行的过程中,雁群总能保持"人"或"一"字形。这是怎么回事呢?是一种偶然现象吗?实际上,这是大雁的一种有意识的团队合作的活动。在雁群中,当领头的大雁展翅拍打时,后面的大雁立刻跟进,这时整个雁群就会抬升。借助这样的队形飞行时,整个雁群比大雁单飞时至少可以增加71%的飞行能力。

在飞行途中,当领队的大雁感到疲倦的时候,它就会退到一边,由它的同伴上来补它的位置,继续带领雁群前进。几乎每一只大雁都会有轮流领飞的机会,而排在后面的大雁也不会无所事事。除了拍打翅膀外,它们还会利用自己的叫声鼓励前面的同伴来保持整体的速度,而且不同的叫声也可以传达不同的讯息。这样一来,大家都能很好地分配自己的体力,以适应长途飞行。

讲完这个故事,讲师问听众:"你们感受到了什么?"听众中说什么的都有。这时讲师转身在后面的黑板上写了四个字"团队精神"!讲师对大家说:"每一个人都应该向大雁学习,积极把自己融入到团队里,因为团队的力量总是大于个人的力量。有优秀的团队,才能造就优秀的个人!"

> **金言隽语**
>
> 　　如果每一个人都能像大雁一样积极地融入自己的团队，那么这个团队一定是最精诚团结的队伍。现代社会是一个讲究团队合作的社会。没有团队合作精神、不能将自己融入团队中的人，终究会被团队淘汰。所以，每个人都应该培养自己的团队意识，养成与他人合作的良好习惯。

05 养成三思而后行的习惯

　　曾国藩是清朝名将。当初，他带着湘军镇压太平天国之时，清廷对其有一种极为复杂的态度：不用这个人吧，太平天国声势浩大，无人能敌；用他的话，一则是汉人手握重兵，二则曾国藩的湘军是他一手建立的子弟兵，有可能对朝廷形成威胁。事情就这样拖延下来。眼看太平军声势越来越大，立功心切的曾国藩急需朝中重臣为自己撑腰说话，以消除清廷的疑虑。

　　一日，曾国藩在军中得到胡林翼转来的肃顺密函，得知这位精明干练的人在慈禧太后面前举荐自己出任两江总督。曾国藩大喜，有他为自己说话，是再好不过的了。

　　曾国藩提笔想给肃顺写封信表示感谢，但写了几句，他就停下了。他知道肃顺为人刚愎自用，目中无人，用今天的话来说，就是有才气也有脾气。他又想起慈禧太后，觉得她现在虽没有什么动静，但绝非常人。以曾国藩多年的阅人经验来看，慈禧太后心志极高，且权力欲强，又极富心机。肃顺这种专权的做法能持续多久呢？慈禧太后会同肃顺合得来吗？

思前想后，曾国藩最终没有给肃顺写信。后来，肃顺被慈禧太后抄家问斩。在众多官员讨好肃顺的信件中独无曾国藩的只言片语。

"三思而后行"救了曾国藩一条命。

金言隽语

当你遇到问题一时难以决定怎么做时，就不要盲目行动，而应仔细地斟酌一番。等到你对那个问题有了一定的了解，对于解决方法也有了充分的把握之后，不妨再做决定。世上的事情都有一个恰到好处的分寸，有一分谨慎就有一分收获，有一分疏忽就有一分丢失。

06 养成勤奋的习惯

唐朝大文学家韩愈曾经说过："业精于勤荒于嬉，行成于思毁于随。"有些人之所以能成功，一个重要的原因就是他们勤奋；而有些人总是失败，关键就在于他们懒惰。在职场中，勤奋更是一种永不过时的工作精神，是优秀员工必须养成的习惯。

一次，有人问李嘉诚成功的秘诀是什么，李嘉诚讲了一个故事：原一平被称为日本的"推销之神"。在他69岁那年，有人问他为什么总是能推销成功，他当即脱掉鞋袜，请提问者走到跟前，说："你摸摸我的脚底就知道了。"提问者摸完后，惊讶地说："好厚的老茧啊！"原一平说："因为我比别人走得多，也比别人跑得勤。"提问者思考片刻后，恍然大悟。李嘉诚讲完故事，笑着说："我没有资格脱掉鞋袜让人摸，但我可以如实告诉你,我的脚底也有一层厚厚的老茧。"

> **金言隽语**
>
> 　　一个人能否取得成功,性格、学识、环境、机遇等因素固然很重要,不过,如果缺少了勤奋和努力,他成功的可能性依然很小。缺少勤奋,哪怕是极具飞行天赋的雄鹰也只会望"空"兴叹。有了勤奋的好习惯,哪怕是行动缓慢的蜗牛也能爬到高高的塔顶,仰观万里层云。

07 养成乐于助人的习惯

　　多年前的一个夏天,任小姐在一家公司任普通的职员。一天,她参加在美国纽约召开的一个家用产品展览会。在快餐厅里吃午餐时,一个老人坐在了任小姐的身边。任小姐看到他已经满头白发,就主动向他点头致意,并替他拿餐具,还在他吃完之后帮他收拾餐盘。老人向任小姐表示了感谢,并递上自己的名片,说:"如果以后有需要,请与我联络。"任小姐看了看名片才知道,原来老人是韩国一家大公司的董事长。

　　两年以后,任小姐自己注册了一家小公司,经过一番拼搏,公司终于有了点起色。可就在这时,公司的一个大客户擅自毁约,不和他们合作了,致使任小姐的公司面临倒闭的困境。就在她沮丧地收拾东西时,忽然发现了那张韩国老人的名片,于是她抱着一线希望给那位老人去了一封简短的电邮,说了一下自己现在的情况,最后写到:"我希望得到您的帮助。"一个星期过去了,正当任小姐对公司完全丧失信心,感到束手无策，就要准备申请倒闭的时候，韩国老人却亲自带着六七个公司职员来到了深圳。老人让她试着加工带去的样品，在肯定了产品的质量之后，当场签下了足够任小姐做一年的大订单。

公司起死回生了，任小姐万分感激！她惊喜而又迷惑地问："您在韩国有那么多的大客户，而我这里只是个小公司，您为什么那么信任我呢？"老人说："就因为你当初在纽约给我的帮助。""那只是举手之劳啊。"任小姐回想起来，不解地说。老人从皮箱里拿出一本书来，名字叫作《人心的存折》，送给任小姐，并对她说："人心就像一本存折，只有打开来才知道到底有多少收益。你当时无私的帮助为你的存折储存了一笔财富。"

金言隽语

我们应该坚信，一个乐于帮助别人的人，也会得到别人的帮助。

Chapter 10

第十章
打造自身品牌,每天完美一点点

品牌就是一切。

——汤姆·彼得斯

21世纪的工作生存法则就是建立个人品牌。

——汤姆·彼得斯

01 坚持体育锻炼

有个小孩，从生下来起就疾病缠身。他曾患过肺结核、黄疸肝炎，还因癫痫抽风，导致右腿比左腿短约2厘米。家里人看着他瘦弱的样子，都为他唉声叹气。大家都在心里想：这孩子恐怕活不了几年。孩子9岁那年，有幸碰上了一位名医。名医为他诊治过后对他的家人说："这孩子的身体很虚弱，光吃药不容易好，如果能学点武功必会对他的身体有所帮助。"于是孩子的父母带着他到处拜访武术名家，希望别人收下他并传授他武艺。

许多武术名家看了那孩子的样子，直截了当地对他的父母说："不行，这孩子不是学武的那块料，趁早算了吧。"但孩子和他的父母都没有灰心。他们走了很远的地方，终于找到了一个肯传授孩子武艺的教头。孩子跟着教头练了一年多的武艺后，他的病真的好了很多，他已经不用再喝那些苦涩的汤药了。一次，他的父母来看他时，发现他脸色红润，身体明显结实了很多。孩子的父母喜极而泣，他们拉着教头的手，一遍又一遍地道谢。

又经过十多年的刻苦磨炼，那个孩子已经学会了太极拳和刀、枪、剑、棍等各种技艺。他的功夫已经远远在他的老师之上了。与10年前相比，他简直就像换了一个人，身体结实健硕，根本不像一个生过大病的人。这个人就是著名的武术家吴图南。

吴图南坚持每天早晚练太极拳，每次都练得很认真。他常对人说，他的养生之道就是从太极拳中悟出来的。由于坚持练拳，吴图南在百岁之龄仍然健康如昔，精力充沛，记忆力不减。

> **金言隽语**
>
> 　　如果一个人坚持锻炼，就会有匀称的体形、健康的形象，这有助于获得他人更多的关注。而且，一个形象健康、体形匀称的人在举手投足之间都会透出一股精气神，大大增加个人魅力。

02 每天学习一点

　　巴克尔与美丽贤惠的妻子生了三个孩子。从孩子们很小的时候起，巴克尔就鼓励他们每天不断学习新的知识。他认为，如果一个人晚上睡觉的时候还和早晨起床的时候一样无知的话，那会是一件极其可悲的事情。所以，每天晚饭后，全家人一起围坐在壁炉边，他就会高声地问："孩子们，你们今天都学到了什么啊？"

　　"我先说。""我先说。"孩子们争先恐后地讲出自己当天学到的知识，大家互相学习。巴克尔也很积极地鼓励他们一番，然后一家人才会各自回到自己的卧房休息。

　　这种习惯其实是巴克尔在很小的时候养成的。巴克尔小的时候，家里并没有太多的钱供他读书，他只好辍学在家，进工厂里帮助家里赚取一些生活费。从那时起，有着旺盛的求知欲的巴克尔不放过任何可以学习的机会，他把世界当成了他最好的学校。每当稍有闲暇，他就会听那些外面来的人讲述他们的故事。巴克尔也渐渐地学到了很多关于那些他未知的世界的故事。他有着广泛的兴趣，喜欢阅读一切可以获得的书籍、杂志和报刊。

这天，全家人刚刚吃完了饭，巴克尔就对自己最小的儿子说："费利斯，今天你都学到了什么新知识啊？"

费利斯想了想说："我今天学到了尼泊尔的人口。"

"哦？是吗？"接着巴克尔又把头转向他的妻子，"艾莎，你知道尼泊尔的人口有多少吗？"

妻子艾莎每天都开心地微笑着，不管多严肃的问题，只要到了她这里，气氛就会马上变得轻松起来。"尼泊尔？呵呵，不要说什么尼泊尔的人口了，你们谁能先告诉我尼泊尔在哪里？我连它在哪儿都不知道！"巴克尔微笑地看着妻子。她总是能看出自己的心思，然后很配合地做出回应。

于是孩子们就蹦蹦跳跳地去拿世界地图，然后一起在地图上寻找尼泊尔的位置。

后来费利斯进了美国一所有名的大学学习，指导自己的是几个全国有名的教育学专家。此时，他才发现，那些教育家教导他的，其实在十多年前，父亲就已经传授给了他们，那就是每天不断地学习新知识。

金言隽语

世界是浩瀚无边、变幻莫测的，这个美妙的世界有太多的东西我们不了解、不知道。每天都学习一些新的知识，能够丰富我们的头脑，开阔我们的眼界，使我们在不断充实自己的过程中享受到无尽的乐趣，也能让我们成为他人眼中知识渊博的人。

03 注意修饰仪表

著名礼仪专家金正昆教授在《百家讲坛》里引用了英国戏剧家莎士比亚的一句话："一个人的穿着打扮，就是他的教养、品位、地位的真实写照。"没错，有人研究过，人与人见面，人们第一眼会看对方的脸，但更主要的是看这个人的仪表：一个打扮得整齐、光鲜的人，无论他的现实经济状况如何，给人的第一印象都是成功者。

可是，在现实生活中，穿衣打扮"无师自通"的人实在是太多了！有些女士在浅色的裙子或裤子里，却穿着深色或有图案的内裤或衬裙；在纯白的衬衫或上衣内，却穿着颜色鲜艳的内衣；在高开叉的裙子里，穿着半统丝袜……男士也不值得表扬，有的上身穿西装，下身却穿运动裤；上班族一副西装革履的打扮，脚上却蹬着一双旅游鞋；穿着短袖衬衫，却打着领带……这样的打扮，不仅不整齐、不光鲜，还让人感觉不伦不类。这种人到了稍微讲究的人面前，自然而然会被看低。

企业家安宝林讲过一个故事：有一次，他刚应酬完客户，还没来得及脱掉行头就去图书馆查资料。有个熟人见他西装笔挺，头发光亮，便羡慕地说："发财了，准是接了一笔大生意。也给我们揽点儿生意，有哪家公司或个人，需要翻译资料时给我们介绍介绍，给你的提成绝对优厚。"安宝林客气地应付着。其实，他那时生意刚开张，顶着创业的压力，哪有工夫管别人。但是，这的确说明仪表的重要性：不论面临多少困难，只要你的形象是成功的，在别人眼里你就是成功的，成功的仪表也能帮你招来成功。

现实生活中，不乏许多长着"势利眼"的人。这些人看人往往很"毒"，一眼就能从仪表看出你的生存地位如何。就连酒店、商场等场合也公开打出"衣冠不整者请勿入内"的口号。人一走入社会，总避免不了与领导、客户、师长、友人接触。重视仪表，不但会自我感觉好，而且遭受拒绝的概率也会低一些。所以，抛开你那自以为是的"穿衣经"吧！衣着是社会的产物，也必将受着社会规范的约束，请学会打扮，让自己成为一个整齐、光鲜的人！

金言隽语

在塑造个人品牌的过程中，修饰仪表是必不可少的重要步骤。

04 谈吐不凡很重要

1984年9月，中国与英国关于香港问题的第22轮会谈在钓鱼台国宾馆开始了。中方代表、外交部副部长周南和英方代表伊文思相遇并寒暄起来。

周南说："现在已经是秋天了，我记得大使先生是春天来的，那么已经历了三个季节了：春天、夏天、秋天——秋天是收获的季节啊！"

这里，周南在寒暄中，运用暗示、双关的手法，巧妙地利用秋天的特点及其象征意义——成熟与收获，将我方诚恳的态度、殷切的希望和坚定的决心含蓄委婉地表达了出来。与此同时，也让英方代表对我方的谈判人员不敢小觑。

> **金言隽语**
>
> 言语的交谈作为人类交际中最直接、最常用的一种方法，越来越受到人们的重视，而掌握这门艺术、拥有不凡的谈吐则成为一个人在现代社会中立足的关键所在。

05 让自己举止得体

打造自身品牌，除了应注意语言艺术外，还要注意自己的举止是否得体。比如，你的态度是不是诚恳有礼，你的风度是不是潇洒自然？

根据美国语言专家的研究，人的感觉印象中，有77%来自于眼睛，14%来自于耳朵，9%来自于其他感官。因此，当我们与人交往时，必须十分注意自己的言谈举止和表情是否已经被对方接受。

再也没有比当你对他人讲话而对方却环顾四周更令人难堪的了。有些人边讲话边环顾四周，而有些人则是在听话时东张西望。这两种人都缺乏基本的责任感。在别人对你讲话时，除了认真倾听之外，千万不要有其他多余的动作，这样才能做一个好的、注意力集中的听众。

与人谈话的气氛很重要，这就要求你的行为举止不仅要自然，而且还要不失礼节，这是使交谈气氛融洽的前提。有的人在一些正式场合与人谈话时，出于心理压力，会下意识地做出一些小动作，殊不知这些小动作和面部表情一样，是一种无声的语言，传达出的信息往往更受人重视。

韩霞每次与人说话时都会不自觉地脸红，尤其在陌生人面前更是紧张得不知手脚放哪儿才好，而且眼睛也躲躲闪闪不敢看对方，这让人感到她明显缺乏自信。为了不使人看出自己的紧张情绪，她就用转移注意力的办法，一边与人说话，一边做一些小动作，比如玩指甲、扭衣角、搔头发、看手表等。殊不知这些下意识的动作给人一种漫不经心的感觉，让人误认为她对谈话不感兴趣，因而草草结束谈话，结果反而影响了沟通的效果。

金言隽语

注意肢体语言，并不意味着讲话时要板着面孔、四肢僵硬地站在那里。而是要动作自然、语气亲切、举止得体。只有这样才能让人感到你是一个非常有修养的人，才能在与人交往中为自己建立广阔的关系网。

06 有颗宽容的心

曼德拉作为一名反对白人种族隔离的伟大领导人，在历史上建立了不朽的功勋。在他生活的那个年代，白人与黑人在社会上有着明显不同的地位。在公园里、汽车上等任何公共场所，都有明确的白人区和黑人区。如果有黑人不小心闯入了白人区，就会遭到白人的谴责甚至是打骂。

曼德拉极力反对种族隔离政策，并积极行动，想要废除这一政策。不久，曼德拉被白人统治者关入大西洋罗本岛上的监狱。

在狱中，曼德拉饱受煎熬和虐待。他和其他的犯人一起，被赶到一个很大的采石场,那里把守森严。到了采石场中,守卫把他们身上的枷锁打开,因为这样他们才能使出力气用尖镐和铁锹采石矿。有时候曼德拉还要浸到冰冷的海水里打捞海带。因为曼德拉是一个要犯,所以当时的白人统治者派了三个人专门看守他。那三个人对曼德拉并不友好,只要抓住机会就肆无忌惮地羞辱、虐待他。

27年之后,1990年2月11日,南非当局在国内外舆论压力下,被迫宣布无条件释放曼德拉。1994年4月,曼德拉当选为南非总统。在就职仪式上,曼德拉起身一一向来宾致谢,并表示非常荣幸能有这么多的政界要人前来。令他十分高兴的是,当初看押他的三名狱警也来到了现场。他把那三名狱警拉过来,热情地向大家介绍。

有人很不解:难道遭受了27年的折磨和痛苦,曼德拉一点儿都不痛恨这三名狱警吗?曼德拉说:"不,我要感谢他们。那段日子让我学会了宽容和隐忍,学会了如何面对自己所遭遇的不幸和痛苦。从我走出监狱的那一刹那,我就决定不再想它,因为我不希望我的后半生还生活在监狱般的痛苦之中。"

金言隽语

宽容是一种美德,是一种人生态度。善于包容别人的人,才会赢得别人的尊重,才能让自己的内心得到平衡。

07 不要热情过度

张老板想招聘一名化妆品专柜营业员,在众多报名者中,张老板选定了美丽伶俐、充满热情的小燕和温文尔雅、不卑不亢的小金。"你们在这两个邻店里试营业一天，谁的营业额多，就聘用谁。"张老板对小燕和小金说。

第二天，两个店同时开门，小燕和小金身着相同服饰，开始了自己一天的工作。开门不久，只见远方走来一位中年顾客。他在化妆品店前刚一停步，小燕就走出来说："这位先生，买化妆品吗？进来看看！"她边招呼边不由分说地把顾客拉进店里。

"您买化妆品是为您自己还是为您漂亮的太太呢？"那位中年男士还没明白怎么回事，小燕就连珠炮似的一番询问。

中年男士甩开小燕的手，小声结巴着说："嗯，给……给太太……"

"哦，您可真是位体贴太太的好先生！"没等中年男士说完话，小燕又抢着说，"来，先生。"她一把拉过男士的胳膊，将他拽到柜台前，"这种'俏佳人'牌美容霜是刚上市的新品牌，保湿嫩肤，最适合您太太了。擦上'俏佳人'之后，保证您的太太更漂亮。"小燕不由分说地拉过中年男士的手，"来，先生，我先给您手上涂点儿，您试试！"边说边在他手背上涂了一大块"俏佳人"。

"谢谢，谢谢，我……我再去别处瞧瞧，谢谢……"中年男士不买小燕的账，干笑了几声，一转身，就逃之夭夭了。

接着，中年男士来到小金的店。小金只是微笑着向他点了点头，然后静立一旁，让他自己观看各种化妆品，等着他询问。中年男士其实是第一次给太太买化妆品，他在柜台旁看来看去，也不知哪种化妆品好。

他看看小金,见她胸有成竹、不卑不亢地微笑着,一副随时为你服务的样子,心里感觉很舒服。他一一询问各种化妆品的功能,小金给出的答复全面而专业,最后,中年男士选中一款化妆品,正是"俏佳人"牌美容霜。付款后,他说:"刚才在一个店里,一个小姐太热情了,虽然她也向我推荐这个牌子,但我还真担心它的质量。而在你的店里,你既然给我讲得那么细致,我就放心了。"说着,男士满意而去。

张老板在与小燕说"再见"时说:"请好好反省一下自己的性格吧,要知道有时候'过犹不及'。"

金言隽语

热情本来是惹人喜欢的优点,但是过分的热情就会让人受不了,这就是所谓的"过犹不及"。甜到极点就是苦,乐到极点就是悲,量变到极点就是质变了,就成为完全不同于先前的东西了。所以,我们在与人交往时,一定要注意一个"度",做到合情、合理、合适。

08 对人有诚信

汉朝的王猛为人正直,是一个深受百姓爱戴的清官。

有一次,他与一个友人酒后商定一同远游,并约定次日午时在城门前的大槐树下再次见面,还立了个高高的树干为证。如此之后,两人才挥手辞别。

次日,王猛提前来到了树干前等友人。过了一段时间后,树干的黑影渐渐东斜,午时已过了,可是那位朋友还不见踪影。"他或许另有他事？又或是提前出发了？我还是不要等他了。"王猛这样想着，就自己先上路了。

又过了一会儿，他的朋友才到了。这个人看不见王猛，当即就生起气来，立马气冲冲地来到王猛的家里，要看个究竟、问个明白。他没有看到王猛，只见王猛的长子在玩耍，于是阴阳怪气地说道："真不是人哪！明明约好一块出门的，却一刻也等不得。"

"您与我父亲约定在午时，午时不来，已是无信；对孩子骂其父亲，更是无礼！"没想到王猛的儿子年仅7岁，却如此明白事理，一句话就令那友人当即羞愧万分。

金言隽语

一个人的诚实与信誉是他获得良好人际关系、走向成功的基础。能否兑现许下的诺言是一个人是否讲信用的主要标志。一旦许诺，就要千方百计地去兑现，否则就会像老子所说的那样"轻诺必寡信，多易必多难"。总之，诚信是成功的基石，有多少人信任你，你就拥有多少次成功的机会。

Chapter 11

第十一章
结交朋友，每天多交流一点点

一个人赚的钱，12.5%来自知识，87.5%来自关系。

——美国斯坦福研究中心

一个人能否成功，不在于你知道什么，而在于你认识谁。

——好莱坞流行语

01 主动与人交往

一天下午，突然下起了倾盆大雨，正在街心公园散步的小张赶紧跑到公园的小亭子里避雨。幸运的是，小亭子下正好空着一个石椅，小张就坐了上去。这时，一位60多岁的老太太也蹒跚着走进了这个亭子。很明显，这位老太太已淋了雨，略显狼狈。在亭子里避雨的人都抬头望着天空等待雨停，对老太太视而不见。

这时，小张走过去指着自己的座位对老太太说："老太太，您来坐这边吧。"老太太微微一笑说："没事，我就在这儿站会儿就行了，雨停了我就走，谢谢你了。"但小张看老太太脸色疲惫，就坚持让老太太坐下。在小张的坚持下，老太太也就不再推辞了。两三个钟头过去了，雨丝毫没有停下的意思。老太太觉得有点儿不好意思了：都这么长时间了，自己坐着别人的位置，让别人在一边站着，似乎有些不近情理，于是她便想起身让小张坐。小张却说什么也不肯坐。为了不让老太太觉得尴尬，小张开始主动跟老太太聊起天来。两人说话很投机，山南海北地畅聊。小张惊讶地发现老太太懂的东西可真不少，就连许多经济管理方面的知识老太太都懂，而老太太也不停地称赞小张的学识好。

又过了一个多小时，雨终于停了。老太太起身向小张道谢，并向他索要了张名片，然后颤巍巍地走出了亭子。小张也回了自己的家。

一个月后，小张收到了一封电子邮件，是一个很有名的跨国公司的总裁亲自发来的，信上力邀小张来他的公司工作。小张看到这封邮件兴奋极了，他上大学时就一直梦想有朝一日能进这样一家大型的跨国公司。兴奋之余，他迅速与这位总裁取得了联系。等他与总裁面谈之后才知道，这位总裁的母亲正是那天在亭子里跟他一起避雨一起聊天的老太太。

毫无疑问，小张顺利地进入了这家公司，并且在未来的几年里凭借其出色的口才和交际能力成为该公司的营销部经理。

获得事业的成功后，小张一直觉得自己很幸运。他在为公司的新人培训时，常在最后一节课向大家讲述一个道理：培养人际关系，就像为自己铺路一样，你越是积极主动地和别人交往，你的成功之路也就越长。

金言隽语

主动与人交往是交际艺术的一个重要方面。主动与人交往，才能结交到更多的朋友。当你有足够多的朋友时，你的世界和生活就是网状的、立体的，而不是孤立的。你积累下的这些人脉资源会在你意想不到的时候发挥巨大的作用，助你走向成功。如果你不主动接近别人、不主动结交朋友，只想等别人来跟你"套近乎"，那么你离成功也会越来越远。

02 记住别人的名字

欧洲有个企业家，在他小的时候父亲就去世了，家里剩下了他和体弱的母亲及另外两个弟弟。由于家境贫寒，生活的重担落在了他年少单薄的双肩上，他不得不告别校园，四处打工挣钱以养家糊口。虽然他学历有限，但几年后，他却凭着自己的热情和坦率在外面闯出了一片天地。

20年过去后，他已是欧洲一家大公司的老板了，他旗下的产业遍布世界各地，资产近百亿美元。大家对他的成功充满了好奇，因为他连小学都没有念完。在一次企业家的聚会上，另一个公司的老板对他的成功十分感兴趣，于是问起他成功的秘诀。他说："很简单，就是努力工作而已。"那个老板有些疑惑，说："你别说笑了！"

他于是说道："是啊，我认为我的成功就是靠努力得来的。那你认为我成功的原因是什么？"

那个老板说："除此之外，恐怕还有别的原因吧。听说你可以一字不差地叫出1万个员工的名字。"

"哈哈！"他大笑着回答道，"这你可弄错了，岂止1万，我能叫得出名字的人，少说也有5万人。实话跟你说吧，每当我刚认识一个人时，我一定会先弄清他的全名、他的家庭状况，还有他所从事的工作，甚至他的政治立场，然后据此先对他建立一个大概的印象。当我下一次再见到这个人时，不管隔了多少年，我一定仍能叫着他的名字迎上前去在他肩上拍拍，嘘寒问暖一番。所以我的朋友遍布世界各地，我的员工也遍布世界各地。"

那个老板在心里不由佩服起了这个只有小学文化程度的人。他知道这个企业家真正的厉害之处不在于他的努力，而在于他能记下5万人的名字。5万人？不，或许更多。

> **金言隽语**
>
> 记住别人的名字是打开沟通之门的钥匙。记住别人的名字,再见到他时正确无误地叫出来,这是一种对他人尊重和友善的表现。以尊重和友善的态度与人交往,才能广结人缘。记住:聪明的人会记住别人的名字,而愚蠢的人只希望名字被别人记住。

03 学会倾听和附和

一次,一位汽车推销员去拜访一位曾经买过他们公司汽车的商人。见到那位商人时,这位推销员像往常一样很恭敬地用双手递上自己的名片,然后开始介绍自己:"您好,我是某某汽车公司的推销员,我叫……"

还没等他介绍完,那个财大气粗的商人已经打断了他的话。商人以十分严厉的口气抱怨当初买车时的种种不快,还挑出了很多问题,有服务态度方面的、有价钱方面的、还有硬件设施方面的……

就在商人喋喋不休地数落原来向他介绍车的那个推销员时,这位推销员只是静静地站在一旁,认真地听着商人的意见,时不时地说"是",其他的一句话也不多说。

片刻后,那位商人发泄完了,先前的怨气化解得差不多了,当他稍微喘息了一下时,方才发现,眼前的这个推销员好像很陌生。原来商人认错人了。于是,商人很不好意思地对这位推销员说:"小伙子,你怎么称呼啊？你们公司现在是不是有新的车型了？你给我介绍一下吧，有没有车型目录，拿来给我看看。其实与其他厂家相比，你们的产品还是不错的。"

又过了片刻，这位推销员走出了商人的办公室，这时他高兴得简直要跳起来，因为他的手上拿着十辆汽车的订单。

回到公司后，推销员的同事问他是怎么拿到这么丰厚的订单的，这位推销员说："从我拿出产品目录到那个商人决定购买，整个过程中，我说的话加起来都不超过10句。我基本上一直在做一个倾听者和附和者，我想这是我成功拿到订单的关键。"

金言隽语

倾听与附和是一种尊重讲话者的表现，是对讲话者最好的恭维，并能使对方喜欢你、信赖你。有时候聪明的人，借助经验说话；而更聪明的人，根据经验不说话。要想做到良好的沟通，一定要记住，认真地倾听胜过争辩。在适当的时候，让我们的嘴巴多休息一下，多听听别人是怎么说吧。

04 给他人留足面子

给别人面子，不让别人下不了台，才能使双方进行良好的沟通，才能使问题更容易解决。

一天，一个音乐爱好者到一家音像店要求退回一张光盘。之前他已经把光盘带回了家并且听了两天了，只是他的女朋友不喜欢这张才让他来退的。他对卖光盘的老板说："我只是带了回去，根本没有听过。"并要求老板退换。

老板检查了光盘后，发现光盘上已经有了明显的划痕。这样的光盘别人是不会再要的。但如果直截了当地向顾客说明这一点，顾客是绝不会轻易承认的，难免发生一番口角，甚至撕破脸皮。于是，老板说："我想，大概是你的家人在你不在的时候用过这张盘了吧。我以前也经历过这样的事，我自己进的新盘拿回家，老婆不知道就给我借了出去，结果都弄花了，卖也卖不出去。我估计你也遇到了这种事情，你看，这盘上已经有划痕了，而我们这里的新盘都是没有拆封的，不可能有划痕。"

顾客听老板这样说，又看了看其他的新盘——真的都是没有拆封的。他知道无可辩驳，而老板非常和气，也没有令他难堪，于是，他顺水推舟，笑着说了句确实可能是家人在他不在时用过了，然后收起光盘走了。

金言隽语

给别人留面子是人际交往的重要原则。即便自己得势占理的时候，也不必咄咄逼人。学会给对方留面子，双方才能进行有效的沟通，事情才会更好地解决。

05 放下架子，融入圈子之中

学者利维知识渊博，涉猎广泛，读过很多书，还写过戏剧，弹钢琴也是他的拿手好戏。一句话，他是城市文化俱乐部中的核心人物。

一年冬天，妻子得了重病，利维决定暂时告别寒冷干燥的城市，搬到一个空气新鲜、气候温暖的海边小镇去生活。小镇很漂亮，但当地人大多没有文化。他们搬来的第一天，邻居太太就来拜访，她问利维："你是做什么的？"

"我会弹棉花。"利维答道。邻居太太和利维谈得很愉快，她坐到傍晚才走。

客人走后，妻子疑惑不解地问他："你为什么说自己是一个弹棉花的？你明明有那么渊博的知识，是一个学者。"

利维解释说："对小镇上文化程度不高的人来说，我是不是学者没有任何价值，不仅不能赢得尊重，他们还会排斥我。而一个弹棉花的人对他们来说非常重要！我保证，他们将非常愿意接近我，我们很快就能和当地的居民打成一片。"

金言隽语

故事中利维放下自己的学者身份，融入当地的生活圈子的做法告诉我们一个道理：在什么场合说什么话，在什么地方做什么人。做领导的人更应该明白这个道理，只有适时放下架子，与员工融为一体，才能得到员工的拥戴与信任。

06 真诚为你赢得友谊

20世纪30年代，在德国的一个乡村里，有一位犹太传教士。虽然当地人对犹太人并不友好，但是这个传教士依旧坚持每天向当地人问好。

在那个乡村里，有一个叫米勒的年轻农民。和很多农民一样，他起初对传教士的问候一点儿都不在意，也不回话。可是，他的冷漠并没有丝毫影响这位传教士的热情。每天早上见面的时候，犹太传教士依旧给这个一脸冷漠的年轻人道一声"早安"。

终于有一天，当传教士向自己问好的时候，米勒脱下帽子，也向对方道了一声："早安。"此后，每当传教士向他问好的时候，米勒都会礼貌地还礼。

几年之后，纳粹党上台执政，很快，整个德国的犹太人都因为纳粹党仇杀犹太人的政策而陷入了恐慌。但是，他们没有任何办法，成千上万手无寸铁的犹太人像待宰的羔羊一样被纳粹党集中起来，送往集中营。

犹太人被集中在一起，然后面对一个手拿指挥棒的指挥官，这个指挥官随意地发出"左"或者"右"的指令。被指向左边的人必死无疑，被指向右边的人则还有生还的机会。而这时候，米勒已经成了一名纳粹军官，掌管着犹太人的生死。

当那个犹太传教士的名字被点到的时候，他浑身颤抖地走上前去。他抬起头看到面前的人是米勒，便习惯性地脱口而出："早安，米勒先生。"

米勒的表情轻微地变化了一下，结果，这个犹太传教士被指向了右边，并最终活到了战争结束的那一天。

金言隽语

真诚能够为你赢得友谊，即使不喜欢你的人也可能被你的真诚打动。真诚地对待身边的每一个人，你的朋友就会越来越多，你也会因此而受益。

第十二章
欣赏他人，每天受欢迎一点点

要改变他人而不触犯或引起反感，那么，请称赞他们最微小的进步，并称赞他们的每个进步。

——卡耐基

赞美，像黄金钻石，只因稀少而有价值。

——塞缪尔·约翰逊

01 用赞美当开场白

一天,约翰到一家铁器厂去推销一套铁矿冶炼设备。他一见铁器厂的总经理,就称赞道:"经理先生,您知道您的姓名在勃罗克林是独一无二的吗?"

总经理十分惊讶地说:"不知道。"

约翰又说:"今天早晨我查电话簿的时候,发现整个勃罗克林只有您一个人叫这个名字。"

"这我还从来不知道。"总经理很惊喜地说,"要说我的名字,的确有点儿不平常,因为我的祖先是300多年前从日本迁到这里的。"之后,他饶有兴致地谈起了他的家庭和祖先。

总经理话音刚落,约翰又夸奖起他的工厂:"真想不到您拥有这么大的铁器厂,我还从没见过这么干净、漂亮的铁器厂呢!"

约翰的夸奖使总经理很得意,他自豪地说:"它花费了我毕生的心血,我为它感到骄傲和自豪。"总经理说完,热情地邀请约翰参观工厂。在整个参观过程中,约翰又不失时机地夸奖了工厂里几种罕见的设备。这使总经理更为高兴。他告诉约翰,这几种设备都是他一手为工厂量身订做的。

拜访结束了,推销结果十分理想。总经理紧紧地握着约翰的手说:"想不到我们的交往这样愉快,你可以带着我的承诺回去:今后我们将全部从贵公司采购新的铁矿冶炼设备。"

> **金言隽语**
>
> 人们都希望得到赞美,因为人人都渴望得到别人的肯定,你的一句赞美就是对他人的肯定。肯定他人,赞美他人,就会博得他人对你的好感与信任。

02 赞美要恰如其分

赞美是一门艺术。恰如其分的赞美会让听者如沐春风,心生愉悦。但是如果赞美不恰当,就会适得其反,招致他人的反感。比如,赞美一位大多数人都认为长得不错的女孩,说她漂亮并不为过。但要称赞一位身材较胖、长相普通的女子漂亮,她听后肯定不高兴。

在民间流传着这样一个故事:包拯当上开封知府后,开始选一名师爷。前来报名的人很多,经过一番筛选,最后留下了十个人。师爷就由包拯亲自从这十个人里面挑选。

当这十个人逐一来到包拯面前时,包拯指着自己的脸说:"你觉得我长得怎么样?这就是选拔的题目,只有答案符合我心意者才能成为我的师爷。"前九个人一看包拯的脸,都被吓了一跳。包拯面色黝黑,两只眼睛又大又圆,瞪起来只见白眼珠,不见黑眼珠,要多可怕有多可怕。这些人寻思:谁愿意让别人说自己丑呢?如果如实说出他的模样,他肯定会不高兴,别说师爷当不上,说不定还会遭到一顿毒打呢!不如恭维几句,说得他心花怒放,当师爷这事也就成了。于是,这些人夸包拯剑眉星目、相貌堂堂、貌若潘安,一看就是一个清官。包拯听后,气得连连摇头，把他们都赶走了。

第十个人面见包拯后，也被问了相同的问题。这个人上下打量了包拯一番，说："老爷面色黝黑，两眼一瞪，十分吓人。所以您长得并不好看，应该说有一点儿丑，不过倒是威风凛凛！"包拯听完后，故意沉下脸，大声说："你竟敢说本官长得丑，难道你不怕得罪我吗？"这个人回答道："老爷息怒。您的脸本来就很黑，难道会因为别人说一声美就变白了吗？再者说，您相貌虽丑，但心如明镜，忠君爱国，天下谁人不知包青天的美名。况且历史上的白脸奸臣亦不在少数啊！"此番话说得包拯连连点头，马上任命他为师爷。

金言隽语

要恰如其分地赞美别人是件很不容易的事。赞美他人，但不能过头，要恰如其分，不能颠倒是非，把丑说成美，把黑说成白，有时候过誉之词不但达不到理想的效果，反而令人生厌。总之，赞美也必须讲求技巧，只要运用得法，必能让自己越来越受欢迎。

03 赞美之词以具体为佳

张经理带着自己的夫人和一名翻译与一位外商谈生意。外商见到张经理的夫人后便说："您的夫人非常漂亮！"张经理出于谦虚，连忙说："哪里，哪里。"翻译不由得愁起来："如何翻译'哪里哪里'呢？"结果，他把这句话译成了："Where，Where？"

外商一听，心理非常纳闷："都说中国人讲究含蓄，他为什么非要让我说出哪里漂亮呢？"不过，外商还是笑着说："您的夫人眼睛很大，身材很好，气质高雅……"

说完，大家都笑了起来，此番谈判也有了一个轻松的氛围。

这个故事是不是对你有一定的启发？我们应该从中明白一个道理，那就是当你想赞美别人时，先在自己的心中问一个"Where"（他好在哪里），然后认认真真地回答这个"Where"。如果你这样做了，你的赞美之词一定是具体而动人的，一定能打动对方。假如你是被夸赞的一方，当有人夸你"真棒""真漂亮"时，你的心里是不是马上生出一种欲望，非常想知道自己哪里棒、哪里漂亮。如果你的这种欲望得到满足，你一定会有一种心满意足的感觉，对夸奖你的人也会生出好感。而如果你的这种欲望没有得到满足，你一定会觉得他是在敷衍你！

所以，当你想夸奖一个人演讲很棒时，不如说："你的演讲特别棒，语言组织得很好，尤其是那句……"对方一定能体会到你对他演讲才能的肯定，而且这种肯定是真实的。当你想赞美一位女士漂亮时，不妨说："你的眼睛很美，皮肤细腻，身材匀称，在人群中非常显眼。"相信这番话一定会让她久久难以忘怀。

金言隽语

赞美的语言宜具体明确，因为具体的赞美之词有所指，会让人觉得真实，所以其有效性就高。如果你的赞美之词是泛泛的、模糊的，被赞美的人就无法体会出你的诚意，没有人愿意接受敷衍之词，甚至他还会认为你是在讽刺他。

04 欣赏他人，赢得他人的好感

一天，一个心理学家要给远方的朋友邮寄一份生日礼物，于是跑到附近的一家邮局里。这天正好是周末，邮寄东西的人可真多，长龙队一直排到了门口。他只好跟在排队的人群后面等候。等待的过程最难熬，就在心理学家开始烦躁的时候，他发现有个人显得比他更加烦躁。那个人就是柜台里的职员，他正一脸不耐烦地回答着一个顾客的问题。是啊，他每天都要做这样琐碎和重复性的工作，怎能不烦躁呢？心理学家想，自己要想办法让这个小职员高兴起来。

怎么才能令他高兴呢？心理学家想了一个办法："要使他高兴，使他对我产生好感，就一定要欣赏他身上的优点。可是，这个人身上究竟有什么优点值得我由衷地赞美几句呢？"心理学家静静地观察片刻，最后终于找到了答案。

终于轮到了这位心理学家。就在那个小职员面无表情地替心理学家把那件包裹好的礼物过磅秤时，心理学家立即随口友善地说了一句："你的头发真是漂亮，真希望哪天我也能有你这样一头漂亮的头发！"

那个小职员抬头望了心理学家一眼，先是显得有些惊讶，随即绽放出一抹笑容，并谦虚地说道："谢谢，唉，我这头发，比起以前可差多了！"小职员的心情果然好转，对待心理学家的提问显得非常热情，并说如果以后礼物在路上出了什么问题，可以随时来找他，他一定会想办法解决。心理学家点头道谢。此后，在接待后面的顾客时，小职员一直保持着灿烂的微笑，再也不见先前的烦躁举动了。

金言隽语

欣赏别人，并对其真诚地进行赞美，这是对他人的一种肯定、一种尊重、一种鼓励。善于发现、欣赏他人优点的人，经常能赢得他人的好感。所以说，交际之道的关键在于懂得如何欣赏他人。

05 背后讲人只讲好话

小刘在公司里人缘相当好，谁提起来都是赞不绝口。大家对小刘的热情甚至超过了对部门主任的热情。部门主任看在眼里，自然有点儿不高兴，他想，这小子把我在公司的风光都抢了，以后如果有了机会一定要给他点颜色，让他出出丑，灭一灭他在公司的威风。

部门主任终于找到了机会。一次，小刘在市场调查后给公司回馈了一份资料，资料上有一组数据误差比较大，可能是因为小刘的粗心造成的。不过这组数据实际上对大局并没有什么影响，充其量不过是小刘在这次工作中的一点儿小瑕疵。但部门主任早已准备找个借口给小刘点"颜色"看看，这次岂能轻易错过这样的机会？部门主任准备好了措辞，决定在开周末例会的时候对小刘提出批评。

这天，部门主任在乘电梯时听到有人议论小刘。一个人说："小刘这次犯了点小错儿，不知道会不会受到公司的惩罚？"另一个说：

"不会，不就是统计数据上出现了一点儿小问题嘛，又不影响大局，再说小刘平时跟部门主任关系也不错。"部门主任在后面听了感觉惊讶：我什么时候跟小刘关系不错了？这时恰好先前说话的那个人也问："谁说小刘跟部门主任关系好啊？"另一个则反问："小刘在公司跟谁的关系不好？特别是跟部门主任，平时啊，他常在我们面前称赞主任能干，领导得力。"部门主任听了这几句话，心里顿时甜滋滋的，对小刘的怨气也抛到了九霄云外。在随后的会议上，部门主任对小刘的错误依旧进行了批评。不过会后，部门主任专程找到小刘，向小刘解释为什么在会上对他提出批评，其实主要是对其他人的警告，而且部门主任悄悄地暗示小刘说："下次有个升职的机会，你要好好表现啊！"

小刘心里暗想，是什么让部门主任对他的态度突然发生了这么大的转变呢？其实啊，还不就是因为他在背后说的好话被部门主任"听"到了耳朵里。

金言隽语

在背后对别人的承认与赞许要比当面夸奖的作用大。在背后说别人的好话，会被人认为是发自内心、不带私人动机的。被说者在听到别人"传播"过来的好话后，更能感到这种赞扬的真实和诚意，在自己荣誉感得到满足的同时，更增加了对说好话者的信任和好感。

06 即使批评也要加点糖

保利·哈克是一家卡车经销商的服务经理。近一段时间，他发现有一位老员工的工作成绩每况愈下。他本想把这位员工叫来大大训斥一顿，可他又一想，或许情况并不像自己想象的那样，还是当面把事情弄清楚再说。这天，他把这位员工叫到办公室，跟他进行了推心置腹的交谈。

保利·哈克是这样说的："阿卡德，我知道你是这里工龄最长的员工，也是一位技术很棒的技工。你在现在这条新装生产线上工作也有好几年了，修出来的车子也都很让顾客满意。事实上，有很多人都赞扬你的人品和技术。但是，最近一段时间，阿卡德，我发现你完成一件工作所需的时间好像加长了，而且工作质量也比不上以前的水准。你以前真是一位受人尊敬的技工。我想，你一定也知道，我对现在这种情况不太满意。也许，我们可以一起来想一个办法，改正这个问题。你认为呢？"

走进办公室之前，阿卡德还在心里想：这里待遇这么低，谁还有心思好好干呢。这回要是经理训斥我，正好给了我辞职的理由。但出乎他意料的是经理并没有训斥他，反而言词坦诚地和他商量解决问题的办法。于是，他打消了先前的想法，语气坚定地说："经理，非常感谢您，我向您保证，我一定会胜任我接下来的所有工作，请您放心。"

金言隽语

有时候，我们不得不对他人说一些批评的话。但在说这些话之前，不妨先给人家一番赞誉，然后你再说批评的话，这样，被批评者就不至于产生逆反心理而反感你的批评了。所以，给你的批评加点糖吧。

Chapter 13

第十三章
学会理财,每天富裕一点点

每一个以亿为单位的数字的背后,除了艰辛的创业史外,还有自成体系的理财方式。

——萧伯纳

选择一个行业股票时,要选两家,但不是随便找两家,应选一家最好和一家最差的!

——乔治·索罗斯

01 定期存钱

小周是一个文员，刚踏上工作岗位3个月，月薪2000多元，在他生活的城市属于中低收入者。小周每月工资的大部分都用在房租、吃饭等生活开销上。工作3个月至今没有任何积蓄。每到月底，小周看到空空的钱包就开始为自己不久后买房、买车、成家等事而烦恼。

小周非常希望能改变自己目前的状况，于是，他就去拜访了一位理财专家。理财专家听了小周的情况后分析道："根据你所介绍的情况来看，你现在所处的阶段是家庭成长期。所谓的家庭成长期就是指从工作到结婚的那一段时期，一般来说就是2~5年。这个时期很重要，它是未来家庭的积累期，是未来家庭的基础。这个基础打不好，便会影响以后的生活质量。大多数人在这个时期经济收入都比较低且花销比较大，但是为了给以后打好基础，这个时期还是应该减少花销，先聚财、后增值。"

小周问如何聚财，理财师回答："在收入不高但比较稳定的前提下，聚财的主要方式就是定期存钱。每个月都为自己存一笔钱。有一种滚雪球式的存钱方法你可以考虑采用：你把每月的余钱存一年定期存款，这样一年下来，你手里就有12张存单，以后不管哪个月急用钱都可取出当月到期的存款；如果不急需用钱，你可将到期的存款连同利息及手头的余钱接着转存一年定期。这种'滚雪球'的存钱方法保证不会失去理财的机会。"

理财师还补充道："现在许多银行都推出了自动转存服务。所以在储蓄时，最好能先与银行约定进行自动转存。这样做的好处有两种，一是可以避免存款到期后不及时转存造成逾期部分按活期计息的损失；二是存款到期后不久，如遇利率下调，未约定自动转存的，再存时就要按下调后的利率计息，而自动转存的，就能按下调前较高的利率计息。如到期后遇利率上调，也可取出后再存。"

小周按照理财师的方法进行理财，渐渐尝到了定期存钱的甜头，他账户上的余额也越来越多。

金言隽语

原始积累最基本、最可靠、最保险的方法就是定期存钱。定期存钱是让生活得到保障的最基本的方法。只有先聚到财，才有可能让财富增值。

02 记下你每天的开支

小刘是个工薪族，月薪不算低也不算高，刚刚够用。但小刘在生活上一直是个比较节俭的人，他从不像其他年轻同事一样去泡吧、郊游。所以，小刘总是感觉自己一个月应该可以省下来更多钱，而事实却不是这样。每次到月底时，他的钱也就用得差不多见了底儿。小刘对自己的理财状况很不满意,他决心弄明白是什么原因令自己的钱这么快就花完了。

于是,从这个月的第一天起,小刘把自己每天的消费情况都记在了一个专用的笔记本上:每天买菜用了多少钱,坐车用去多少钱等,都一条不落地记在上面。到月底时,小刘拿出本子,看看自己到底在哪些地方用的钱最多,或是在哪些地方花了冤枉钱。看完记账本后小刘发现,自己确实花了许多不该花的钱:首先,买了许多不必要的东西,有些东西自己只用过一次就再也不用了,有的甚至根本没用过,一直就在抽屉里放着,连包装都没有拆开;其次,小刘发现自己每天抽烟也花去不少钱,一个月仅用在抽烟上的钱就好几百。

此后,小刘尽量控制自己的开销,那些对自己用处不大的东西坚决不买,力求让自己的笔记本上看不到那些花冤枉了的钱、不该花的钱。养成这样的好习惯后,小刘惊喜地发现,自己每月的节余越来越多了。

金言隽语

记下你每天的开支,你就会知道哪些钱花在了必要的地方、哪些钱花在了不必要的地方,然后要求自己把那些不该花的钱省下来。精明的家庭理财者,总是明白自己每天的开销都用在了哪里。记下自己的开支,监督自己的开支,把钱用在该用的地方,下一个富翁就是你。

03 适当购买保险

购买保险就像播种一样，只有在春天播种，才能在秋天获得收获。给自己购买一份保险，将来必能从中得到收获，令自己无论生活在何种境地都会感觉有一份保障。

1925年，帕拉贾德希波克成为了泰国国王。但他并不是一个好国王，他在执政期间几乎没有什么政绩，国内反对他的呼声从没有间断过。他也终日提心吊胆地过日子，害怕有朝一日被政敌废黜，成为一个一贫如洗的贫民。

这时，他的一个亲戚建议他订购一份保险，并向他介绍了保险的种种益处。帕拉贾德希波克听了他亲戚的建议后思考片刻，便决定为自己购买失业保险。他同时向英法的两家保险公司投保失业保险，那两家保险公司考虑到这次的保险必定能增强自己公司在国际上的影响力，于是欣然接受了帕拉贾德希波克的投保，开出了保险金额可观的保险单。后来事情的发展证明帕拉贾德希波克一生做过的最英明的决定可能就是购买保险这件事。因为这次的保险为他带来了巨大的收益。1935年，他迫于政敌和群众的压力放弃了王位。没有了国王的身份，他不能像从前一样享受一国之君的荣耀，但他的生活并没有发生太大改变，他也没有沦落为一般的贫民。靠着两家保险公司为他支付的丰厚的失业保险金，他安然并富足地度过了退位后的晚年。

如果没有先前的失业保险，国王恐怕只会越来越穷困潦倒，最后凄凉地死去。

金言隽语

保险虽然不能阻止风险的发生，但能给生活带来一份保障，在你最需要帮助的时候，它会起到雪中送炭的作用。生活中总有一些看不到的危险，购买保险能够令自己的生活有一份保障。虽然暂时投入了一点儿小钱，但一旦出现意外时，保险能帮你渡过难关。

04 关注财富信息

查理·芒格是沃沦·巴菲特的黄金搭档，伯克希尔·哈撒韦公司的董事会副主席，由于行事低调，因此被人们称为"在沃伦·巴菲特身后的亿万富翁"。他与巴菲特这对黄金搭档创造了有史以来最优秀的投资纪录。

查理·芒格是一个没有被聚光灯照到的隐形投资奇才。他的每一次投资都是有根据、有把握的。他曾阅读过大量的书籍，并从中搜索自己需要的财富信息。他被人称为比巴菲特还要聪明的人。许多商界人士都认为查理·芒格和巴菲特有什么独门绝招，而正是这些独门绝招帮助他们的投资屡屡得手。

一次，在一个商务精英的聚会上，有人请教查理·芒格，问他的投资秘诀是什么。芒格的回答非常出人意料："收集和关注财富信息。要想在投资中获得成功，你必须收集信息。"芒格说："我觉得，我和巴菲特从各种大的商业杂志上学习到的东西，比我们在其他任何地方学到的都要多。我们在这些书本里收集了大量的商业信息和商业经验。"不仅如此，后来有人透露，芒格的阅读范围远远超越了商业的范畴，他也会如饥似渴地阅读如恐龙、黑洞以及心理学等一切知识，并从中收集自己需要的东西。就是这些日积月累的信息，使他具备充分的知识积淀，并运用在了他的事业上。芒格也因此成功地从一位功成名就的律师转型为一位蜚声全球的职业投资家。

> **金言隽语**
>
> 每一条信息都可能是一个致富的机会，每一个想致富的人都需要自己主动去关注、收集这些可以改变命运的财富信息。成为一个富人的基础是：让脑子里掌握足够多的财富信息。

05 坚持长期投资

股神巴菲特被公认为投资界中最成功的专家。他的一言一行被全球投资者视为金科玉律，而巴菲特的成功奥秘中最突出的一点就是：坚持长期投资。巴菲特也是股市中长线投资的典范！

巴菲特每次买股票前都会对发行股票的上市公司进行系统研究，一旦他认准了的股票便会长期拿在手里，不受短期的价格涨跌的影响。巴菲特明确地反对短线交易，他认为那只是浪费时间及金钱的行为而已，而且会影响到操作绩效，操作不好时还会影响心情。他曾说过这样的话："我从不打算在买入股票的次日就赚钱。我买入股票时，总是会先假设明天交易所就会关门，5年之后才又重新打开，恢复交易。"

据统计，巴菲特对每一支股票的投资从没有少于8年的。巴菲特告诫人们："短期股市的预测是毒药，应该把它摆在最安全的地方，远离儿童以及那些在股市中的行为像小孩般幼稚的投资人。"

一次，有人问巴菲特为什么要坚持长期投资并希望他能回答得具体一点儿。巴菲特答道："在股市里，我们身边有许多的短线投机者，他们几乎每天都在追涨杀跌，但实际上他们的收益并不高，到头来只是为券商贡献了手续费，自己却是竹篮打水一场空。"大家不妨算一笔账，如果你持有某支股票8年，买进卖出手续费总共是1.5%。如果在这8年中，每个月换股一次，支出1.5%的费用，一年12个月则支出费用18%，8年不算复利，静态支出也达到144%！想来真是可怕。巴菲特的话没错，大家想一下，短线来来去去，无论你赚了还是赔了，券商都一样要赚取你的佣金，而且一般短线投资者都不会赚到什么钱，因为谁也不知道股市下一步要怎么走，除非你知道内幕。这样的话，你做短线交易，除了让券商赚取了足够多的佣金外，你自己则一无所得。辛辛苦苦做一年，挣的钱还没有交给券商的多，图什么呢？但如果你做长线投资的话，则可以将这些钱省下来，而且，收益肯定比短线多得多。就像巴菲特一样，他曾在1972年以10万美元买入华盛顿邮报股票，到1999年时该股票已经增值到9.3亿美元，在27年里成长了86倍。

金言隽语

坚持长期投资，不为一时的波动影响自己的思路和判断，这就是巴菲特获得成功的关键。长期投资是一个过程，期间会受到很多因素的干扰。能不受干扰，坚持长期投资，才会得到丰厚的回报。

06 购买有价值的资产

从前,有一个非常善于理财的人,人们都尊称他为七公。一天,七公在城郊游玩,见到一座大宅院,房屋严整,宅院周围也装扮得十分漂亮。七公一打听,原来这是一个财主的外宅。他来到宅院后花园墙外,见墙外是一个水塘,塘水清澈,直通小河,有水进,有水出,但因无人管理,显得有点儿零乱肮脏。七公非常聪明,他看到这个情景之后敏锐地感觉到:生财的机会来了。

七公找到水塘主人,向他购买这块水塘。水塘的主人觉得反正那也是一块不中用的闲地,留着对自己也没有用,现在有人主动买,不赶快卖给他还等什么。于是就以很低的价钱将水塘卖给了七公。

买了水塘后,七公又向朋友们借了些钱,请人清理水塘,疏通水道,种植莲藕,放养金鱼,还在水塘边栽种杨柳,在树下种上玫瑰。经过这样的修缮,水塘顿时换了一副漂亮模样。第二年春天,财主在逛后花园时闻到花香,他顺着花香来到水塘边,惊讶得合不拢嘴,他不知道这块水塘什么时候变得如此漂亮了,要是跟自己的房子连在一起,那简直是绝配。

于是他托人向七公问价,决定买下这块水塘。七公知道鱼儿上钩了,并没有立即答应,而是总找借口推脱。直到财主把价钱提高到七公买地时的30倍时,七公才点头答应。通过一块小水塘,七公从财主那里获得了丰厚的回报。

金言隽语

　　手里的钱应该用在购买可以升值的资产上，这样自己的财富才会越积越多。如果急功近利地把钱用于赌博、投机等方面，最后的下场往往不是一夜暴富，而是负债累累。做一个聪明人吧，花钱让自己的财产增值，而不是随便乱花钱。

Chapter 14

第十四章
热爱生活,每天享受一点点

生活得最有意义的人,并不是年岁活得最大的人,而是对生活最有感受的人。

——卢梭

生命在闪耀中现出绚烂,在平凡中现出真实。

——伯克

01 生活中并不缺少美

一只灰色的老田鼠在草地下面哼唷哼唷地打洞,上面突然传来一阵鸟儿的鸣叫声。老田鼠顿了一下,没有理会,继续挖它的洞。冬天就要到来啦,总得给自己找个过冬的地方。

可是上面的声音似乎没有要停止的意思,反倒一声比一声大起来。老田鼠受不了了,从草地上探出头来叫道:"不要再叫了,你发出的是什么可怕的声音?吵死人了,你知不知道?"

声音戛然而止,鸟儿看着这个突然冒出来大叫的灰不溜丢的脑袋,兴高采烈地说道:"哦,是田鼠大叔啊,您看今天的阳光多么温暖啊,微风拂面,气候宜人,树叶也是那么美丽。这个世界这么美好,我真的抑制不住心里的喜悦要歌唱呢!"

"你这只笨鸟,什么美丽的树叶?秋天来了,树叶都枯黄了;阳光哪里明媚?你不知道寒冷的冬天就要来临了吗?还说什么世界美好,我已经在这片草地底下生活很久了,我每天只能感受到阴冷潮湿的土壤。我每天不停地挖啊挖,能找到的也仅仅是草根和那几条小小的蚯蚓而已!你赶紧闭上你那只会胡说八道的嘴巴吧!"

小鸟丝毫没有因为老田鼠的话而不高兴,而是继续说道:"田鼠大叔,就算冬天来临了,这里也会是一片白皑皑银装素裹的世界啊。每年的冬天我们一家人都是在这棵树上度过的,真的很好玩,有时还能看见小孩们在树下堆雪人呢。田鼠大叔,不信您自己从那草皮底下爬出来看一下,感受一下这美丽清新的世界,我相信,您一定会为这个发现而激动得哭出来呢!"

> **金言隽语**
>
> 　　同样的际遇,同样的环境,人们的看法却大不相同。有些人高兴地歌唱,有些人则终日垂头丧气。不是这个世界不美好,而是有些人发现不了。拥有一颗善于发现美好世界的心灵,也就拥有了快乐的生活。

02 生活在当下

　　贝丝是一位很勤俭而又奇怪的家庭主妇。她每天在家里忙忙碌碌,早上出门去买菜,把新鲜的菜放进冰箱里,然后把前两天买来的菜从冰箱里拿出来,洗洗、切好,然后做饭。贝丝每天都会买回新鲜的蔬菜,但她家里吃的总是在冰箱里放了一阵子的菜。

　　他们家从来都不会买现成的矿泉水。贝丝准备了三个暖水瓶,她每天在家烧开水,然后把开水灌到开水瓶里给全家人喝。今天,她又烧了些开水,昨天已经有两个开水瓶里的水被喝光了。她刚灌完一瓶,她的小儿子过来倒水喝,贝丝拿起前一天剩下的那壶开水,给孩子倒了一点儿。儿子噘着小嘴说:"妈妈,这瓶水都已经凉了。"贝丝看了一眼孩子:"但是已经烧好的水不喝就倒掉多可惜啊。"但实际上,他们一家几乎每天都在喝前一天剩下的水,而新烧好的水则被留到了下一天。

　　贝丝的丈夫非常精明能干,他每次出差回来都给贝丝买上几件当下流行的衣服和鞋帽,但节俭惯了的贝丝每次都是高兴地把衣服包好,然后收到柜子里。不是她不喜欢，而是她不舍得穿。时间长了，她的衣柜里堆满了她的先生给她买回来的衣服。有时候出门需要打扮一下，她也是费半天劲才从柜底翻出她先生几年前给她买的衣服。先生问她为什么不穿新衣服，她总是说："那些旧衣服时间长了不穿就浪费了，趁着现在还能穿，就多穿几次吧。"所以，尽管先生给她买了很多新衣服，但她身上穿的始终是过时了的旧衣服。

金言隽语

也许你会觉得为什么会有人这么奇怪，放着新鲜的东西不用，非要等到过了时再用。但是这种人还是很多的。就像吃葡萄，是先吃掉最好的呢，还是先吃掉有点儿烂的呢？很多人都想把最好的东西留到最后，但却错失了享受它们的最好的季节，忽视了当下的幸福。

03 不开心时，学会转移视线

英国首相丘吉尔曾经在世界政坛叱咤风云，创下了不朽的业绩，但是伟大的人物似乎都难免要经历一番磨难。有一段时间，丘吉尔在他的政治生涯中遭受了巨大的打击。很长一段时间里，他的精神状态都很不好，整天闷闷不乐，精神抑郁。他的家人很担心，怕他这么一蹶不振会伤了身体。他们全家搬到了一个僻静的地方，希望安静的环境能够改善丘吉尔的情绪，但是家人的一切努力都归于失败。

他们新家的邻居女主人是一位画家，她的家里堆满了各种各样的画笔和颜料。丘吉尔一家经常会到邻居家欣赏女主人的作品。时间长了，大家发现丘吉尔在看女主人画画的时候，神情很安宁。于是家人劝说丘吉尔去和邻居学画画。

终日无所事事的丘吉尔似乎也想改变一下生活，他开始拜邻居女主人为师，画起画来。别看丘吉尔在政治上大刀阔斧，敢作敢为，但当他拿起纤细的画笔，却不知道该如何下手了。他看着洁白的画布，左右比划，就是不敢下笔，生怕画错了一笔，毁了这画布。邻居的女画家看得着急，直接拿起一桶颜料泼在画布上。一张洁白的画布就变得五颜六色了。丘吉尔也放心地在画布上画起画来。

在丘吉尔政治生活低迷的那段时期，他每天和邻居学习画画。久而久之，他的画技有了很大的进步，他的心情也因为画的陶冶而变得淡定沉静。后来，在一个合适的机会，丘吉尔东山再起，又开始在政坛上叱咤风云。

金言隽语

遇见不开心的事情，就像陷入了一个瓶颈，越是顽固地与之对抗，遭遇的不快反倒越多。在这种时候，不妨转移注意力，做一些能够让人开心的事情，缓解心情，等再回过头来的时候，之前的问题也许就迎刃而解了。

04 学会享受亲情和友谊

在一个古老的王国里，一位巫师向国王献上一瓶长生不老水。

国王很高兴,世界上的凡人有哪个不想长生不老呢?但是在喝之前,他还是不太放心,于是派人叫来了国内最神武的将军、最聪明的商人和最勤劳的农民。

国王问将军:"你说我应该喝下这水吗?"

将军说:"陛下,您喝了这水,将永远不会死去,也会变得无比的骁勇善战。您将征服整个世界,这世界上所有的人将会向您俯首称臣。您还等什么呢?还有比这更美好的事情吗?"

国王转过头问富商:"你认为呢?"

富商赶紧双膝跪地,回答道:"我尊敬的陛下,这瓶神奇的水将会让您万寿无疆,您将见证我们的国家变得越来越富强,我们的财富越来越多。这难道不是您想看见的吗,我的陛下?"

这时,国王又看着农夫说:"你有没有什么想说的?"

农夫迟疑了一下说:"不知道陛下想听好话,还是想听实话?"

"说实话。"

"是,陛下。将军和富商说的话都没错,但是他们只说对了一半,他们只说了好的一面,而没有说不好的一面。"

将军和富商打断他的话说:"国王陛下能够长生不老还能有什么不好的一面吗?"

"是的,陛下,您将获得永恒的生命,但是您的妻子、孩子和其他千万爱您和您爱的人都没有这种能力。总有一天,您美丽的妻子会衰老、会死去;您的子孙也会一代一代地离开人世。不止他们,您最亲密的朋友、最忠实的奴仆……他们都有死去的一天。到时,您就不得不看着那些你最爱的人一个一个离你而去，而最后，只剩下您自己孤零零地活在人世……"农民回答道。

"既然我在乎的人都已经死了，我再怎么长生不老还有什么意义呢？"国王打碎了药水，继续和他的亲人朋友过着快乐的生活。

金言隽语

在忙碌的生活中，我们真的应该适时停下脚步，好好享受生活中的亲情和友情。

05 幸福的三原则

著名语言学家周有光的夫人张允和一生颠沛流离，受了不少苦。也许是生命的大起大落使她顿悟了生命的真谛，到了晚年的时候，她越发淡定从容。有人形容她说，她宁静平和，而又广阔深邃，就像是一片广袤的海洋，波澜不惊，容纳百川。

一次，记者去拜访她。九十多岁高龄的张允和老人怡然地坐在院中，她脸上的表情却像少女一样清纯和美好。

几个人谈谈笑笑，说起了老人年轻时的故事。说到兴起，老人居然像个孩童般神秘地说："其实做个好人没有那么难，想要一生幸福也不是一件多么可望而不可即的事情。"

"哦？那您能不能告诉我们一下？我们这些后辈可惦记着呢。"

老人嘿嘿地笑了起来，说道："很简单，首先不要拿自己的过错惩罚自己；第二呢，就是不要拿自己的错误惩罚别人；最后嘛，就是不要拿别人的过错惩罚自己。"老人说完，把举起的三根手指在我们的眼前晃了晃，神秘地笑了。

> **金言隽语**
>
> 　　幸福真的很简单。张允和老人用自己一生的沧桑总结出三条秘诀，从她那淡定的神情和从容的言语中，我们不难看出她正在体味着幸福。是的，很简单的一件事情，我们为什么要让它这么复杂呢？

06 适当地冒一点险

　　丽莎忽然想买一辆小摩托车。

　　她的家人听后，惊叫道："你疯了？开轿车哪里不好，干吗要买那种不安全的东西呢？"

　　她的一个姐姐还认真地说："你最好打消这个念头，我的一个朋友就是在一次骑摩托车的时候把胳膊摔断的。你知道每年骑摩托车发生的交通事故有多少吗？"

　　"但是，我想骑摩托车，这样我就可以想停哪儿就停哪儿，可以尽情地享受田野的风光了。"

　　"开车不能享受田野的风光吗？"她的母亲不解地问。

　　"但是体会不到那种风从身上吹过、泥巴溅到裤脚的感觉。"

　　尽管家人极力反对，丽莎还是买了一辆小摩托车，骑着它去田野里了。清新的风拂在她的身上，她一路开过去，然后停在一条小溪边。溪水清澈，叮咚作响欢快地奔向前方。她把手伸进水里，凉凉的、滑滑的。正当她玩得不亦乐乎的时候，有人碰了她的胳膊一下，原来是两个小男孩。他们认真地对丽莎说："小姐，我们可不可以用我们的自行车换你的那个。"说完，他们指向了丽莎的小摩托车。丽莎面露难色："的确是个不错的主意，但是我一个人也没有办法用两辆自行车啊。"两个小男孩互相看了看，觉得她说得很有道理，便快快地离开了。

丽莎又骑上了小摩托车。路边的小花小草荡着她的裤腿，她从来没有尝试过这样惬意地融入自然的风中。

她一个人在田间的路上哈哈大笑，体会着那种开车永远也体会不到的乐趣。乡间的邻里见她戴着头盔，手上戴一副长手套，身披一件利落的小夹克，像一只快活的小鸟一样从他们眼前驶过，都忍不住抬手问好："你好啊！"丽莎也高兴地向他们招手，然后又继续"探险"去了。

金言隽语

　　每天一成不变地生活，很容易让人觉得索然无味、心生厌倦。有位心理学家说，要保持快乐的心情，方法之一就是每天都有所改变。尝试着进行一点小小的冒险，我们的生活也会因为那种无法预知的惊喜而变得更加有趣。

书目

001. 唐诗
002. 宋词
003. 元曲
004. 三字经
005. 百家姓
006. 千字文
007. 弟子规
008. 增广贤文
009. 千家诗
010. 菜根谭
011. 孙子兵法
012. 三十六计
013. 老子
014. 庄子
015. 孟子
016. 论语
017. 五经
018. 四书
019. 诗经
020. 诸子百家哲理寓言
021. 山海经
022. 战国策
023. 三国志
024. 史记
025. 资治通鉴
026. 快读二十四史
027. 文心雕龙
028. 说文解字
029. 古文观止
030. 梦溪笔谈
031. 天工开物
032. 四库全书
033. 孝经
034. 素书
035. 冰鉴
036. 人类未解之谜（世界卷）
037. 人类未解之谜（中国卷）
038. 人类神秘现象（世界卷）
039. 人类神秘现象（中国卷）
040. 世界上下五千年
041. 中华上下五千年·夏商周
042. 中华上下五千年·春秋战国
043. 中华上下五千年·秦汉
044. 中华上下五千年·三国两晋
045. 中华上下五千年·隋唐
046. 中华上下五千年·宋元
047. 中华上下五千年·明清
048. 楚辞经典
049. 汉赋经典
050. 唐宋八大家散文
051. 世说新语
052. 徐霞客游记
053. 牡丹亭
054. 西厢记
055. 聊斋
056. 最美的散文（世界卷）
057. 最美的散文（中国卷）
058. 朱自清散文
059. 最美的词
060. 最美的诗
061. 柳永·李清照词
062. 苏东坡·辛弃疾词
063. 人间词话
064. 李白·杜甫诗
065. 红楼梦诗词
066. 徐志摩的诗

067. 朝花夕拾	100. 中国国家地理
068. 呐喊	101. 中国文化与自然遗产
069. 彷徨	102. 世界文化与自然遗产
070. 野草集	103. 西洋建筑
071. 园丁集	104. 西洋绘画
072. 飞鸟集	105. 世界文化常识
073. 新月集	106. 中国文化常识
074. 罗马神话	107. 中国历史年表
075. 希腊神话	108. 老子的智慧
076. 失落的文明	109. 三十六计的智慧
077. 罗马文明	110. 孙子兵法的智慧
078. 希腊文明	111. 优雅——格调
079. 古埃及文明	112. 致加西亚的信
080. 玛雅文明	113. 假如给我三天光明
081. 印度文明	114. 智慧书
082. 拜占庭文明	115. 少年中国说
083. 巴比伦文明	116. 长生殿
084. 瓦尔登湖	117. 格言联璧
085. 蒙田美文	118. 笠翁对韵
086. 培根论说文集	119. 列子
087. 沉思录	120. 墨子
088. 宽容	121. 荀子
089. 人类的故事	122. 包公案
090. 姓氏	123. 韩非子
091. 汉字	124. 鬼谷子
092. 茶道	125. 淮南子
093. 成语故事	126. 孔子家语
094. 中华句典	127. 老残游记
095. 奇趣楹联	128. 彭公案
096. 中华书法	129. 笑林广记
097. 中国建筑	130. 朱子家训
098. 中国绘画	131. 诸葛亮兵法
099. 中国文明考古	132. 幼学琼林

133. 太平广记
134. 声律启蒙
135. 小窗幽记
136. 孽海花
137. 警世通言
138. 醒世恒言
139. 喻世明言
140. 初刻拍案惊奇
141. 二刻拍案惊奇
142. 容斋随笔
143. 桃花扇
144. 忠经
145. 围炉夜话
146. 贞观政要
147. 龙文鞭影
148. 颜氏家训
149. 六韬
150. 三略
151. 励志枕边书
152. 心态决定命运
153. 一分钟口才训练
154. 低调做人的艺术
155. 锻造你的核心竞争力：保证完成任务
156. 礼仪资本
157. 每天进步一点点
158. 让你与众不同的8种职场素质
159. 思路决定出路
160. 优雅——妆容
161. 细节决定成败
162. 跟卡耐基学当众讲话
163. 跟卡耐基学人际交往
164. 跟卡耐基学商务礼仪

165. 情商决定命运
166. 受益一生的职场寓言
167. 我能：最大化自己的8种方法
168. 性格决定命运
169. 一分钟习惯培养
170. 影响一生的财商
171. 在逆境中成功的14种思路
172. 责任胜于能力
173. 最伟大的励志经典
174. 卡耐基人性的优点
175. 卡耐基人性的弱点
176. 财富的密码
177. 青年女性要懂的人生道理
178. 倍受欢迎的说话方式
179. 开发大脑的经典思维游戏
180. 千万别和孩子这样说——好父母绝不对孩子说的40句话
181. 和孩子这样说话很有效——好父母常对孩子说的36句话
182. 心灵甘泉